사계절

한국의 산야초백과

해동약초연구회 편

아이템북스

■ 머리말

  요즘 우리는 항상 마음속에 고향의 뒷동산이나 계곡의 맑은 물을 생각합니다. 도시에서 조금 떨어져 살고 있는 사람일지라도 옆에서 푸른 숲을 본다는 것이 힘들고 어려워졌습니다. 산과 들에 흔했던 할미꽃·제비꽃·민들레 등도 쉽게 찾아볼 수 없는 식물이 되었고, 우리 주위에는 이 땅의 자생 꽃보다는 펜지·페튜니어·샐비아가 더 흔합니다.

인류 문명은 사람들의 삶의 질을 보다 편리하게 바꿔 놓았으나 자연은 저 멀리 달아나게 하였습니다. 토종 식물은 서서히 우리 곁에서 사라지고 있습니다. 산과 들로 나가 보아도 우리의 토종 들꽃은 보이지 않고 보인다고 해도 이름도 모르고 바라보고 오는 것이 요즘의 현실입니다.

그러나 다행스럽게도 몇 년 전부터 봄이면 여기저기서 우리 꽃 전시회를 알리는 소식이 전해져 옵니다. 정말

다행한 일이 아닐 수 없습니다.

철철이 화분에서 피고 지는 자생화가 너무도 아쉬워 농원을 운영하며 꽃피는 시기에 맞추어 슬라이드 필름에 담았고, 그 것을 모아 한국의 산야초백과를 편찬하게 되었습니다.

산야초를 좋아하시는 모든 분이 한국 들꽃의 아름다움을 다시 한번 느끼게 할 수만 있다면 더 이상 바랄 것이 없겠습니다. 또한 원고를 준비하며 한국의 특산식물, 멸종위기식물, 보호식물을 최대한 표기하려고 노력했습니다.

산야초백과를 준비하는 동안 주위에서 격려하여 주신 모든분들에게 이 자리를 빌려 다시 한번 감사를 전합니다.

編著者 識

차례

책을 내면서 | 4

복수초 | 8
돌단풍 | 10
서향 | 12
각시붓꽃 | 14
민둥제비꽃 | 16
졸방제비꽃 | 18
붓꽃 | 20
금붓꽃 | 22
난장이붓꽃 | 24
피나물 | 26
할미꽃 | 28
바람꽃 | 30
왜현호색 | 32
앵초 | 34
새우난초 | 36
삼지구엽초 | 38
윤판나물 | 40
산괴불주머니 | 42

동의나물 | 44
노루귀 | 46
양지꽃 | 48
광릉요강꽃 | 50
깽깽이풀 | 52
바위말발도리 | 54
개족도리 | 56
조개나물 | 58
뱀딸기 | 60
머위 | 62
산작약 | 64
누운주름잎 | 66
석곡 | 68
개불알꽃 | 70
자란 | 72
참개별꽃 | 74
민백미꽃 | 76
고비 | 78
우단일엽 | 80
산일엽초 | 82
세뿔석위 | 84
엉겅퀴 | 86
주름제비난 | 88

바위취 | 90
섬천남성 | 92
노루발 | 94
비짜루 | 96
감자난 | 98
초롱꽃 | 100
물솜방망이 | 102
금낭화 | 104
둥굴레 | 106

쥐오줌풀 | 108
금강봄맞이 | 110
매발톱꽃 | 112
큰까치수영 | 114
자금우 | 116
병아리난초 | 118
참좁쌀풀 | 120
제비동자꽃 | 122
동자꽃 | 124
월귤 | 126
만병초 | 128

금마타리 | 130
촛대승마 | 132
산마늘 | 134
지리대사초 | 136
흰꿀풀 | 138
꿀풀 | 140
용머리 | 142
만년석송 | 144
넉줄고사리 | 146
공작고사리 | 148
대반하 | 150
닭의난초 | 152
장구채 | 154
꽃창포 | 156
돌창포 | 158
기린초 | 160
노루오줌 | 162
솔나리 | 164
털중나리 | 166
뻐꾹나리 | 168

큰방울새난 | 170
좀꿩의다리 | 172
달맞이꽃 | 174
꿩의비름 | 176
도라지 | 178
술패랭이꽃 | 180
사계패랭이 | 182
우산나물 | 184
무릇 | 186
산파 | 188
일월비비추 | 190
비비추(백화) | 192
터리풀 | 194
좀양지꽃 | 196
미역취 | 198
각시석남 | 200
옥잠화 | 202
층꽃나무 | 204
잔대 | 206
산꼬리풀 | 208
바위채송화 | 210
솜다리 | 212
등골나물 | 214

더덕 | 216
두메부추 | 218
한라부추 | 220
산부추 | 222
해오라비난초 | 224
해국 | 226
눈개쑥부쟁이 | 228
사철난 | 230
용담 | 232

호장근 | 234
구절초 | 236
산구절초 | 238
벌개미취 | 240
구름떡쑥 | 242
석산 | 244
부처손 | 246
둥근바위솔 | 248
감국 | 250
샛국화 | 252

복수초

특성과 형태
다년생 식물로 높이 10~25cm 이내. 뿌리에서 나온 잎은 원줄기를 감싸고 줄기에서 나온 잎은 서로 어긋나게 나온다. 꽃은 노란색으로 줄기 끝에 1송이씩 달리며 해가 뜨면 활짝 피고 흐린 날에는 꽃잎을 오므린다.

약효
풍습성 관절염, 신경통 심장대상 기능 부전증, 신경쇠약, 심장쇠약, 이뇨 작용, 민간에서는 간질이나 종창 치료에도 쓴다.

화재 응용법
종자 번식은 초여름에 채취한 종자를 묘판에 식재한 후 이듬해 봄에 발아하면 그 자리에서 2~3년 기른 후 이식한다. 이식 후 약 5년 경과 하면 개화주가 된다. 산지에서 무분별 채취로 점차 사라지고 있는 식물이다. 비옥한 토양이고 약간의 보습성이 있으며 반 그늘진 곳에서 재배하기 좋다.

돌단풍

특성과 형태
다년생 식물로 산지의 물가나 바위 틈에 붙어 자란다. 줄기는 옆으로 뻗어나가며 수많은 마디가 있다. 잎은 긴 잎자루 끝에 손바닥꼴로 달리는데 5~7개로 갈라지고 가장자리에 톱니가 있다. 잎의 모양이 단풍나무잎과 흡사하며 꽃은 3~4월 경에 줄기 끝에 분홍빛이 도는 흰꽃이 뭉쳐서 핀다. 가을에 붉게 단풍 드는 잎이 아름답다.

화재 응용법
가을에 분갈이를 하면서 포기 나누기로 번식하고 꺾꽂이를 하여도 뿌리를 잘 내린다. 씨앗을 이용하여 증식할 수도 있다. 공중 습도를 좋아하지만 뿌리가 너무 습한 곳은 피해야 하고 오전에 햇빛이 잘 드는 장소로 물 빠짐이 좋은 사질토에서 재배하는 것이 좋다.

서향

특성과 형태
중국이 원산지인 상록관목으로서 제주도 및 남부 지방에서 많이 심는다. 높이 1m에 달하고 원줄기는 곧으며 가지가 많고 튼튼한 갈색 섬유가 있다. 잎은 호생하며 타원형 또는 피침형으로 가장자리가 밋밋하다. 꽃은 2가지로서 3~4월에 피며 백색 또는 홍자색이고 향기가 있으며 묵은 가지 끝에 두상으로 모여 달린다. 서향(瑞香)은 본래 중국명이다.

화재 응용법
가을 분갈이시 포기 나누기로 번식하고 꺾꽂이로도 번식된다. 노지에 재배할 때는 햇빛이 잘 드는 양지바른 곳으로 부엽질과 유기질이 풍부한 땅에 심어 주고 특별한 시비는 필요치 않다.

각시붓꽃

특성과 형태
다년생 식물로 높이 30cm 내외. 줄기 아래쪽이 갈색 섬유질로 덮여 있다. 잎은 약간 딱딱하고 꼿꼿이 서며 짙은 녹색이고 밑둥은 붉은 빛을 띤다. 짧은 꽃자루 끝에 보랏빛 꽃이 1송이씩 핀다.

약효
절창, 해열, 지혈, 해독약, 부인의 혈운, 붕증대하, 인후염 및 비혈, 주독, 위열에 의한 심번

화재 응용법
주로 포기 나누기로 번식하고 종자를 채취해서 바로 파종하면 곧 발아한다.
분에 재배할시는 밑 부분에 굵은 마사를 25% 정도 깔고 가루를 뺀 산모래나 마사토를 채워 물 빠짐을 좋게 한다.

민둥제비꽃

특성과 형태
전국에서 비교적 흔하게 자라는 다년생 식물이다. 짧은 근경에 바로 붙은 잎은 여러 장이다. 꽃잎은 연한 자주색 바탕에 세로 무늬가 들어 있다. 전초를 약제로 쓴다.

약효
타박상, 종기, 피부병, 관절염, 불면증, 변비, 황달

화재 응용법
봄 가을 분갈이시 포기 나누기를 하여 증식시키며 종자를 뿌려 번식시킨다. 강한 식물이기에 특별한 토질을 가리지 않고 척박한 곳에서도 잘 자란다. 오전 햇빛이 잘 들고 반 그늘진 곳에서 재배한다.

졸방제비꽃

특성과 형태
다년생 식물로 높이 20~40cm 내외이며 전체에 흰 잔털이 있다. 줄기는 보통 여러 대가 한 군데에서 나온다. 잎은 어긋나고 삼각형을 띤 심장꼴로 잎자루가 있고 가장자리에 둔한 톱니가 있다. 잎겨드랑이에서 꽃대 끝에 백색 연분홍색 또는 연보라색 꽃이 1송이씩 달린다.

약효
뿌리는 정혈, 진해, 진정에 쓰인다.

화재 응용법
분갈이 때 포기 나누기로 번식한다. 종자를 받아 바로 뿌리면 곧 발아한다. 제비꽃의 분재법에 준한다.

붓꽃

특성과 형태
다년생 식물로 높이 30~60cm 내외로 습지에서 자란다. 잎은 칼과 같이 길고 넓은데 4~5장이 겹쳐서 자라며 그 잎 사이에서 꽃자루가 자라 진보라빛 꽃이 2~3 송이씩 차례로 핀다. 꽃잎은 6매로 그 중 3매는 크고 옆으로 넓게 퍼진다. 나머지 3장은 좁고 길쭉하게 곤추선다.

화재 응용법
꽃이 진 다음 분갈이시 포기 나누기를 해서 증식한다. 종자를 채취하여 바로 뿌리면 발아한다. 각시붓꽃과 같다.

금붓꽃

특성과 형태
다년생 식물로 높이 15cm 내외. 산 속 그늘진 곳에서 칼과 같이 생긴 긴 잎이 3~4매 겹쳐서 자라며 꽃이 필 무렵에는 잎이 더 길게 꼿꼿이 선다. 꽃은 선황색으로 줄기 끝에 1송이씩 달리며 꽃잎은 6매로 바깥 3장은 크고 속의 3장은 작다.

화재 응용법
꽃이 진 뒤에 갈아 심기를 하면서 포기를 나누어서 번식한다. 씨앗으로도 증식할 수 있다.
성질이 강인한 식물이기에 어떤 주위 환경이나 토질에 관계 없이 잘 자라지만 여름철 고온 다습에 약하므로 바람이 잘 통하는 반 그늘에서 재배하는 것이 좋다.

난장이붓꽃

특성과 형태
다년생 식물로 높이 5~8cm 내외이며 강원도 이북에서 자란다. 밑 부분에 묵은 잎이 엉켜 있으며 다 자란 잎은 길이가 10~25cm에 이른다. 꽃은 짧은 꽃자루 끝에 1송이씩 달리는데 자주색이다.

약효
절창, 해열, 지혈, 해독약, 부인의 혈운, 봉중대하, 인후염 및 비혈, 주독, 위열에 의한 심번

화재 응용법
분갈이시 포기 나누기로 번식하는 것이 가장 좋은 방법이다. 종자 번식도 되지만 결실률이 좋지 않은 편이다. 성질이 강한 식물이나 분재배시는 여름철 고온 다습에 약하므로 반 그늘에서 재배하여야 한다. 가루를 뺀 산 모래나 마사토에 부엽토를 충분히 혼합하여 물 빠짐을 좋게 한다. 거름은 되도록 적게 주는 것이 좋다.

부채붓꽃

피나물

특성과 형태
다년생 식물로 높이 30cm 내외. 근경은 짧으며 굵고 옆으로 자란다. 근생엽은 엽병이 길며 5~7갈래로 갈라진 깃털꼴엽잎(우상복엽)이고 소엽은 넓은 난형이다. 가장자리에 불규칙한 톱니가 있다. 잎은 호생하고 5장의 소엽으로 구성된다. 줄기 끝에서 한 송이의 꽃이 나오고 꽃잎은 4장이며 난상 원형이고 윤채가 있다. 줄기를 자르면 주황 색즙이 나온다.

약효
외용제로서 거풍습, 지통, 지혈 등

화재 응용법
포기 나누기로 번식하고 매미꽃과 같은 방법으로 하면 종자 번식이 잘 된다. 매미꽃 재배법에 준한다.

할미꽃

특성과 형태
다년생 식물로 높이 20~30cm이며 몸 전체에 백색털이 많다. 뿌리에서 나온 잎은 잎자루가 길고 2회 갈라지며 5장의 소엽으로 구성된다. 꽃자루 끝에 한 송이의 적자색 꽃이 밑을 향해 달린다.

약효
이질, 소염, 수렴, 청열 해독, 음양대하, 양혈지리 등

화재 응용법
꽃이 진 뒤 분갈이시 포기 나누기로 번식시킨다. 주의할 점은 뿌리가 너무 많이 잘리지 않도록 하고, 종자를 채취하여 직파 후 2주일이면 발아한다. 어린 묘를 이식한다. 물 빠짐이 좋은 사질토양으로 햇빛이 잘 드는 곳이 적당하며, 너무 과습한 장소는 피하는 것이 좋다.

바람꽃

특성과 형태
고산 지대에서 자라는 다년생 식물이다. 길이 30cm 내외로 자라며 몸 전체에 잔 털이 있다. 잎은 손바닥꼴로 3~5갈래로 갈라진다. 5월에 피는 흰색의 꽃잎처럼 보이는 것은 꽃받침이다.

화재 응용법
봄가을 분갈이시 포기 나누기로 번식하고, 종자를 묘판에 직파한다. 부엽질이 풍부하고 보습성이 좋은 토양에 심는다. 고산성 식물이기에 통풍이 잘되는 반 그늘에서 재배하는 것이 좋다.

왜현호색

특성과 형태
다년생 식물로 높이 10~30cm 내외. 땅 속에 있는 괴경에서 1개의 줄기가 나와 2장의 잎이 달린다. 밑부분에서 1개의 포 같은 잎이 달려 그 사이에서 가지를 치기도 한다. 잎은 어긋나오며 3개씩 1~3회 갈라진다. 꽃은 벽자색으로 윗줄기 끝에 여러 송이가 한쪽으로 치우쳐 핀다. 꽃잎 끝이 넓게 입술처럼 벌어지며 밑에서부터 차례로 핀다.

약효
정혈, 진통, 진경, 지통, 복통, 생리통

화재 응용법
꽃이 진 뒤 종자를 채취하여 분 주변 모주 주위에 뿌린다. 괴경의 일부분을 세로로 잘라서 심어도 싹이 튼다. 물빠짐이 좋은 사질 토양으로 햇빛이 잘드는 곳에서 재배한다. 꽃이지고 나면 반 그늘진 곳으로 옮긴다.

앵초

특성과 형태
다년생 식물로 산지의 계곡이나 습지의 양지바른 풀밭에서 자란다. 이른봄 잎과 동시에 꽃이 피는데, 잎은 잎자루가 있고 그 끝에 타원형을 한 긴 심장꼴 잎이 붙는다. 잎 가장자리에 둔한 톱니가 있고 끝은 둥글며 잎 전체에 긴 털이 가득 돋아나 있고 주름이 진다. 줄기 끝에 우산 모양을 한 꽃이 달리고 5장의 꽃잎은 연한 홍색 또는 분홍색·연보라색·자주색·흰색 등 변이가 심하다. 일반 정원 등에 심어 기르면 좋다.

약효 거담제, 천식

화재 응용법
봄철 분갈이시 포기 나누기를 하여 번식시킬 수 있으며 초여름에 종자를 채취하여 바로 묘판에 파종하면 이듬해 봄에 발아한다. 직사광선에 약하므로 반 그늘지고 보습성이 있는 사질 토양으로 부엽질이나 유기물질이 많은 곳에 심어 재배한다.

새우난초

특성과 형태
상록성의 다년생 난과 식물로 높이 50cm 내외. 위경이 옆으로 뻗으며 잔뿌리가 많고 잎은 2년생으로 긴 타원형이며 주름이 진다. 꽃은 자주색 · 백색 · 담자색 · 황금색 등 줄기 윗부분에 10~15 송이씩 밑에서부터 차례로 핀다.

화재 응용법
증식은 주로 포기나누기로 한다. 묵은 위경을 2~3개씩 잘라 수태에 싸서 심고 물을 주어 습도를 유지하면 3개월 후 눈이 나온다.
부엽질이 다량 함유되고 통기성과 배수성이 좋으며 적당한 보습성이 유지되는 장소에서 재배한다.

삼지구엽초

특성과 형태
다년생 식물로 높이 20~30cm 내외이며 숲속 그늘에서 자란다. 한 포기에 한 개의 줄기가 곧게 자라며 잎은 약간 길쭉한 심장꼴이다. 3개로 갈라진 끝에 3장씩 모두 9장의 잎이 달리기 때문에 삼지구엽초(三枝九葉草)라 한다. 꽃은 연한 노란색으로 밑을 향해 4~5송이씩 핀다.

약효
보신양, 중년 건망, 영인무자, 갱년기 고혈압, 장부구, 강지, 양위절상, 경증통, 익기력, 보정 강장, 음위, 건망 및 동물정력제

화재 응용법
가을 분갈이시 포기 나누기를 해서 증식할 수 있고 5~6월 종자를 채취하여 묘판에 파종한다. 발아한 어린 묘는 이식 후 약 3년 정도 지나면 꽃이 핀다. 부엽질이 풍부한 토양으로 반 그늘진 장소에서 재배하는것이 좋으며 여름철 고온은 피하는 것이 좋다.

39

윤판나물

특성과 형태
다년생 식물로 줄기는 꼿꼿이 서고 윗쪽에서 약간의 가지를 치며 높이 30~50cm 내외. 잎은 긴타원형으로 끝이 뾰족하고 마디마다 한 잎씩 어긋나게 달리며 꽃은 봄에 가지 끝에 두세 송이씩 밑을 향해 달리는데 통 모양으로 끝이 벌어지지 않는다.

약효
약성은 평하고 감하여 윤폐, 진해, 건비, 소적에 효능

화재 응용법
분갈이시 포기 나누기를 하여 번식하고 삽목은 윗부분을 2~3마디 잘라서 모래판에 꽂으면 뿌리가 잘 내린다. 부엽질이 풍부하고 보습성이 좋은 토양에서 재배하는 것이 좋다. 강한 광선을 피해 반 그늘진 장소가 좋다.

산괴불주머니

특성과 형태
2년생 식물로 높이 40~60cm 정도 자라며 식물 전체가 흰빛을 띤 녹색이다. 줄기는 속이 비어 있으며 잎은 깃털 모양으로 갈라지며 부드럽다. 꽃은 황색으로 한쪽으로 치우쳐 핀다. 비슷한 종류로는 눈괴불주머니와 자주괴불주머니가 있다.

화재 응용법
분주를 통해 번식을 할 수 있으나 6~7월 경에 자연적으로 떨어진 종자가 발아하면 이식한다.
물빠짐이 좋은 사질 토양으로 보습성이 있고 햇빛이 잘 드는 곳에서 재배한다. 강인한 식물이기에 어떤 장소에서도 재배가 용이하다.

동의나물

특성과 형태
다년생 식물로 높이 30~50cm 내외이며 산간 습지에서 자란다. 줄기는 옆으로 비스듬히 자라며 뿌리에서 나온 잎은 심장꼴이고 가장자리에 무딘 톱니가 있다. 꽃은 황금빛으로 2~3송이가 줄기 끝에 피는데 꽃잎처럼 보이는 것은 꽃받침이 변한 것이다. 유독성 식물이다.

화재 응용법
가을철 분갈이시 포기 나누기를 하여 번식해도 좋고 6월에 종자를 채취하여 반 그늘진 곳에 묘판을 만들어 파종한다. 이듬해 봄에 발아한 묘를 이식하여 재배하면 그 해에 꽃을 볼 수 있다.
보습성이 좋은 토양으로 오전 햇빛이 잘 드는 적당한 장소에서 가끔 시비를 하면서 재배한다.

노루귀

특성과 형태
다년생 식물로 뿌리로부터 나온 잎은 세모꼴을 한 타원형이며 3갈래로 갈라진다. 긴 털이 돋아난 잎 모양이 마치 노루의 귀를 닮아서 붙여진 이름이다. 꽃은 백색·담홍색·자주색 등이고 꽃자루 끝에 한 송이씩 달린다. 잎이 나오기 전에 꽃이 먼저 피며 울릉도에는 잎이 큰 섬노루귀가 있고 제주도와 남부지방에는 잎에 흰무늬가 들어 있는 새끼노루귀가 있다.

약효
장지환 치료약, 두통, 해수

화재 응용법
분갈이하면서 포기 나누기를 한다. 종자를 채취하여 초여름에 직파하면 이듬해 봄에 발아한다. 개화까지 4~5년 정도 걸린다. 반그늘진 낙엽수 아래 부엽질이 풍부한 비옥한 토양에서 재배한다.

양지꽃

특성과 형태
다년생 식물로 높이 30~50cm 내외. 뿌리에서 여러 장의 잎이 나와 사방으로 비스듬히 퍼지는데 잎자루가 길다. 3갈래로 갈라진 잎은 딸기 잎과 비슷하며 잎 양면에 털이 있고 가장자리에 톱니가 있다. 꽃잎은 다섯 장이며 노란색이다.

약효
익기, 지혈에 효능

화재 응용법
포기 나누기로 번식하지만 자생지에서는 종자가 떨어져 쉽게 자연 발아한다. 양지바른 곳에서 토양에 관계 없이 잘 자라는 강인한 식물이다.

광릉요강꽃

특성과 형태
다년생 식물로 경기도 광릉을 비롯한 산지의 숲속에서 자란다. 높이 20~40cm 내외이며 털이 있고 밑 부분에 3~4매의 비늘잎이 줄기를 감싼다. 두 장의 넓은 잎이 부채를 펼쳐 놓은 것같이 원줄기를 감싸고 가장자리는 주름이 진다. 꽃은 꽃줄기 끝에 한 송이씩 밑을 향해 달리는데 꽃색은 연초록 바탕에 연분홍색을 띤 주머니 모양이다.

화재 응용법
4~5촉을 한 포기로 해서 분주하여 번식하며 기르기가 매우 까다롭다. 조직 배양을 통해 번식할 수 있으나 무척 어렵다. 부엽질이 풍부한 사질 양토에 심어 주고 오전 중에는 햇빛이 잘 들며 여름철에는 반 그늘진 장소에서 관리한다.

깽깽이풀

특성과 형태
다년생 식물로 높이 20~25cm 내외이다. 계곡의 동향으로 약간 습하고 반 그늘진 곳을 좋아한다. 줄기가 없고 뿌리에서 나온 잎은 연잎을 닮았다. 봄에 담자홍색의 아름다운 꽃이 잎보다 먼저 나와 여러 송이 핀다. 꽃받침은 6~8매이다.

화재 응용법
분갈이시 포기 나누기로 번식한다. 분갈이는 2~3년에 1회 실시하며 그때 뿌리를 다치지 않도록 한다. 5~6월에 채취한 종자를 즉시 묘판에 직파하여 반 그늘지고 보습성이 충분하도록 유지해 준다.

이듬해 봄에 발아한 어린 묘는 1년 동안 묘판에서 기른 후 다음해 봄에 이식한다. 부엽질과 유기질이 풍부한 비옥한 땅에 심는다. 반 그늘지고 보습성이 좋은 장소에서 관리한다.

바위말발도리

특성과 형태
바위 틈에서 자라는 낙엽소관목이다. 줄기는 밑동에서부터 여러 갈래로 갈라지며 잔가지를 많이 친다. 잎은 계란꼴 또는 타원형으로 길이 3~4cm이며 마디마다 2장의 잎이 마주나고 앞 뒤면에 잔털이 있으며 가장자리에 톱니가 있다. 꽃은 매화꽃처럼 생긴 흰 꽃이 묵은 줄기의 마디에 한 두 송이씩 핀다.

화재 응용법
주로 꺾꽂이로 증식하거나 분갈이시에 포기 나누기를 통해 번식하는데 두 가지 다 이른 봄에 실시한다. 공중 습도를 좋아 하므로 반 그늘지고 부엽질과 유기질이 풍부한 토양에 심어 재배한다.

개족도리

특성과 형태
다년생 식물로 높이 20cm 내외이다. 근경은 짧은 마디로 되어 있으며 매운맛을 가지고 있다. 잎은 넓은 심장꼴이고 끝이 뾰족하다. 꽃은 검은 홍자색으로 땅에 붙어서 피는데 꽃의 모양이 족도리 같다고 해서 족도리란 이름을 얻었다.

화재 응용법
봄, 가을 갈아 심기할 때 뿌리줄기의 마디 사이를 끊어 번식한다. 습기를 좋아하기 때문에 보습성이 좋고 부엽질과 유기질이 풍부한 토양에 심어 재배하는 것이 좋다.

조개나물

특성과 형태
다년생 식물로 높이 30cm 내외. 잎은 마주 나오고 긴 타원형이며 긴털이 밀생하나 점차 없어지며 가장자리에 톱니가 있다. 꽃은 벽자색으로 줄기 끝부분에 뭉쳐서 핀다. 흰 꽃이 피는 흰조개나물과 분홍꽃이 피는 붉은조개나물이 있다.

약효
이뇨 및 연주창, 임질, 치창, 골근통, 혈어, 하혈

화재 응용법
가을 분갈이시 포기 나누기를 하여 번식하며 5~6월에 종자를 채취하여 즉시 모래상자에 직파하면 이듬해 봄에 발아한다. 물빠짐이 좋은 사질 양토에 심어서 재배한다. 햇빛이 잘 드는 곳이나 반 그늘에서도 잘 자라며 메마르고 척박한 조건에서 재배하는 것이 좋다.

뱀딸기

특성과 형태
다년생 식물로 줄기가 땅 위를 기면서 마디마다 뿌리를 내리고 싹이 자란다. 잎은 딸기잎과 비슷하며 뒷면에 긴 털이 있다. 잎 겨드랑이에서 꽃대가 자라 다섯 장의 꽃잎을 한 꽃이 노랗게 피고 붉고 둥근 열매로 익는다. 열매는 먹을 수 있지만 맛이 싱겁다.

약효
청열해독, 피부암, 혈성암, 자궁암 등 암 치료제로 쓰인다.

화재 응용법
어떤 토양에서도 잘 자라므로 싹을 따서 삽목한다. 포기 나누기로 쉽게 번식할 수 있다. 강인한 식물로서 어떤 토양에서도 잘 자란다. 햇빛이 잘 들고 부엽질이나 유기질이 풍부한 토양에 심어 관리한다.

머위

특성과 형태
다년생 식물로 땅속줄기가 사방으로 뻗으며 이른 봄에 꽃줄기가 먼저 나오고 잎은 꽃이 지고 난 다음 뿌리로부터 직접 자란다. 잎은 넓은 신장꼴이며 가장자리에 불규칙한 톱니가 있다. 꽃은 수꽃과 암꽃이 황백색 또는 백색으로 줄기 끝에 둥글게 다닥다닥 붙는다.

약효
진해, 거담, 해수, 후비, 폐옹, 폐위 토혈

화재 응용법
포기 나누기를 하여 번식한다. 땅속 줄기를 2~3마디씩 잘라 모래에 꽂으면 싹과 뿌리가 돋아난다. 분에 재배할 시는 가루를 뺀 산 모래나 마사토를 사용한다.

산작약

특성과 형태
다년생 식물로 높이 40cm 내외. 뿌리는 길고 굵으며 줄기는 꼿꼿이 서고 잎은 3갈래로 두 번 갈라지는 깃털꼴겹잎으로 뒷면은 흰 빛을 띤다. 줄기 끝에서 희고 풍만한 꽃이 한 송이씩 피는데 항상 반 정도만 벌어지고 완전히 벌어지지 않는다. 꽃잎은 5~7장이며 비슷한 종류로 붉은 꽃이 피는 적작약이 있다.

약효
뿌리는 보혈, 염음, 월경 과소, 월경 지연 등, 월경 조정약, 유간, 평간, 완급지통, 음액 누출을 예방, 간양상항, 간기울결, 산염, 화혈맥, 협통, 안비폐, 일체 혈병, 보혈의 상용약

화재 응용법
분갈이를 할 때 포기 나누기로 번식하되 자주 포기 나누기를 하면 꽃이 피지 않는다. 부엽질이나 유기질이 풍부한 토양에 심어 반 그늘진 곳에서 관리한다.

누운주름잎

특성과 형태
다년생식물로 다소 습한 곳에서 자라며 키가 낮다. 꽃이 핀 뒤 줄기가 빠른 속도로 자란다. 봄부터 여름에 걸쳐 입술 모양의 꽃이 피며 암술머리를 건드리면 꽃이 닫히는 습성을 가지고 있다. 꽃색은 보라빛을 띤다. 이와 흡사한 종류로 줄기 없이 땅을 기며 꽃이 약간 작게 피는 주름잎이 전국 각지에 서식한다.

화재 응용법
주로 포기나누기나 줄기를 짧게 잘라 삽수로 쓰면 쉽게 뿌리를 내린다. 종자를 채취하여 곧바로 파종한다.
강인한 식물이기 때문에 지나치게 습하지 않으면 어떤 토양에서도 쉽게 가꿀 수 있다.

석곡

특성과 형태

다년생 식물로 뿌리가 밖으로 노출되어 살아 가는 착생란이다. 줄기는 마디를 이루고 위쪽 마디에서 잎이 나오며 넓은 피침형 또는 선형으로 푸른 잎이 몇 장씩 붙어서 상록성을 유지한다. 꽃은 흰색이나 담홍색을 피며 향기가 좋다. 잎에 무늬가 있는 변이 종이 많다.

약효

보음, 강정, 해열약, 소염, 치열, 강장약, 생진지탕, 자음청열, 음위, 도한 등

화재 응용법

줄기를 2~4마디씩 잘라서 수태(물이끼)에 심고 물을 뿌려 습도를 유지해 준다. 햇빛을 충분히 쪼여주면 뿌리를 잘 내린다. 착생종이기 때문에 바위나 고목나무 또는 해고판에 수태를 감싸 뿌리를 붙여 주고 수태가 마르지 않도록 스프레이를 게을리하지 않는다.

69

개불알꽃

특성과 형태

다년생 식물로 높이 25~40cm 내외. 꽃 모양이 마치 주머니와 같아서 복주머니꽃이라고도 한다. 근경이 옆으로 뻗으며 마디에서 뿌리를 내리고 잎은 3~5장이며 타원형이다. 털이 드문드문 있으며 꽃은 연한 붉은색으로 원줄기 끝에 한 송이씩 달린다. 관상 가치가 매우 높은 식물이다.

약효

이뇨, 활혈, 거습, 진통의 작용이 있으므로 전신 부종이 치료되고, 붓는 데 좋으며 지혈제로도 스이며 개불알나물은 술을 담가 먹기도 한다.

화재 응용법

분갈이시 포기나누기, 즉 3~4촉씩 신아를 떼어서 분주하면 뿌리가 잘 내린다. 실생 재배는 아주 어려워 번식 방법이 확립되지 않은 실정이다. 부엽질과 유기질이 풍부한 반 그늘진 장소에서 가꾼다.

자란

특성과 형태

다년생 식물로 높이 40~50cm 내외이다. 야생란 중에서 햇빛을 가장 좋아한다. 잎은 밑 부분에서 5~6매가 서로 감싸며 어긋 달린다. 긴 타원형 잎은 끝이 뾰족하고 주름이 진다. 꽃은 홍자색에서 흰색에 이르기까지 다양하고 성장이 좋으면 5~7송이 정도 달린다. 잎에 복륜·호 등의 무늬 종도 있다.

화재 응용법

파종을 통해 받아는 아주 어렵고, 늦은 가을에 눈이 있는 괴경을 떼어 쉽게 증식할 수 있다. 내한성이 강한 식물로 어떤 토양도 가리지 않고 잘 자라지만 부엽질이 좋은 곳이면 더욱 좋다.

참개별꽃

특성과 형태
다년생 식물로 경기 이북의 숲 가장자리에서 자란다. 높이 25cm 내외로 잎은 마주나고 밑 부분의 잎은 좁은 피침형이다. 꽃은 백색이고 원줄기 끝에 1송이씩 위를 향해 핀다.

화재 응용법
분갈이시 포기 나누기로 증식하거나 씨를 뿌리면 쉽게 싹이 튼다. 물 빠짐이 좋은 사질토로 부엽질이 풍부한 곳에 심으며, 봄에는 햇빛이 잘 들고 여름에는 반 그늘진 곳에서 재배하는 것이 좋다.

민백미꽃

특성과 형태
다년생 식물로 전국의 산지 풀밭에서 자란다. 높이 30~60cm 내외. 잎은 마디마다 2매가 마주나며 계란형에 가까운 타원형이다. 꽃은 줄기 끝에 피고 5장의 꽃잎을 한 별 모양의 흰 꽃이 뭉쳐서 핀다.

약효
풍증이나 놀란 증상 등을 치료하는 데 쓰인다.

화재 응용법
분갈이할 때 포기 나누기를 하여 번식한다. 실생의 경우 가을에 종자를 채취하여 봄에 파종한다. 종자에 긴 털이 달려서 잘 날아가기 때문에 조심해서 채취해야 한다. 부엽질이나 유기질이 풍부한 낙엽활엽수 아래 심고 햇빛이 잘 들게 한다.

고비

특성과 형태
다년생 식물로 높이 60~100cm 내외. 뿌리에서 나온 잎은 사방으로 넓게 퍼진다. 어린 순은 적갈색 털로 덮여 있으며 자라면서 없어진다. 생장엽과 생식엽이 따로따로 나온다. 완전히 자란 잎은 연한 초록색이며 털이 없어 매끄럽다. 어린 싹은 나물로 먹는다.

약효
청열해독, 뉵혈, 이질, 붕루, 감기, 이뇨제, 고혈압 치료제

화재 응용법
포기 나누기로 증식한다. 마른 이끼에 포자를 뿌려서 습도를 유지해 주면 싹이 돋아난다. 분에 재배할시는 산모래나 마사토에 20%의 부엽토를 혼합하여 심는다. 포기의 크기에 따라 분의 크기를 달리하는 것이 좋다.

우단일엽

특성과 형태
바위나 나무 줄기에 붙어 자라는 상록성 양치식물이다. 뿌리줄기가 옆으로 뻗으며 끝 부분에 인편이 밀생하고 잎이 드문드문 나온다. 인편은 뿌리 줄기에 밀착하며 삼각상 난형으로 끝이 뾰족하고 흑갈색이다.

약효
무독, 해열, 양혈, 종기, 결핵, 오림, 부스럼, 하혈, 이뇨제, 임질약

화재 응용법
봄에 포기 나누기로 증식시킨다. 포자로 번식하지만 쉽지 않다. 포자를 수태에 파종하여 공중습도를 유지하면 싹이 돋아난다. 분에 재배할 시는 가루를 뺀 산모래나 마사토에 수태(물이끼)를 잘게 잘라서 20% 정도 섞어 얕게 심어 준다.

고란초 환경부 보호 식물 2호(희귀종)

산일엽초

특성과 형태
상록성 양치식물이다. 가느다란 근경이 옆으로 뻗으며 잎이 드문드문 나온다. 선상 피침형 잎은 연두색이 도는 녹색으로 뒷면은 흰빛이 돌고 좌우에 포자낭이 달린다. 비슷한 종으로 일엽초·다시마일엽초·밤일엽초·애기일엽초·우단일엽초 등이 있다.

화재 응용법
잎에 붙은 근경을 잘라 분주하면 번식이 잘 된다. 분에 재배할시는 마사토에 부엽토를 40% 정도 섞어서 심고 공중습도를 잘 유지하는 것이 좋다.

세뿔석위

특성과 형태
상록성 양치식물이다. 높이는 15~20cm 내외로 뿌리줄기가 짤막하게 옆으로 기면서 자란다. 잎자루가 길며 잎은 3~5갈래로 갈라졌으나 3갈래로 갈라진 가운데 잎이 더 길어서 마치 쇠창살처럼 보인다. 잎의 표면은 녹색이고 뒷면과 잎자루에 갈색 털이 밀생한다.

약효
잎은 이뇨통림, 청열지혈, 열림, 석림, 토혈, 뉵혈, 뇨혈, 붕루, 폐열해수, 해열 이뇨제 및 치료제

화재 응용법
분갈이할 때 포기 나누기를 통해 번식한다. 분에 재배할 시는 분의 밑 부분에 20~25% 정도 굵은 마사를 깔고 가루를 뺀 산모래나 마사토에 부엽토를 30~40% 정도 섞은 흙에 심고 배수가 잘 되게 한다.

엉겅퀴

특성과 형태
다년생 식물로 높이 50~100cm로 자란다. 잎은 크고 길게 갈라지며 가시가 많다. 길게 자란 원줄기와 가지 끝에 한 송이씩 홍자색 또는 진홍색 꽃을 피우는데 꽃잎은 실오라기처럼 가는 관상화가 모여 수술처럼 보인다.

약효
뿌리는 정력제, 치조, 온혈제, 보양, 신경통, 이뇨, 지상부는 양혈 지혈, 거어소종, 뉵혈, 토혈, 요혈, 편혈, 붕루하혈, 외상 출혈, 옹종 창독

화재 응용법
봄가을에 분갈이를 할 때 포기 나누기로 번식한다. 실생은 종자를 채취하며 이듬해 3~4월 직파하면 2~3주 후에 발아한다. 겨울을 넘기고 이듬해 봄 싹이 자라 그 해 여름 꽃이 핀다. 키가 크게 자라는 식물이기에 양지바르고 물 빠짐이 좋은 사질토에 심어 키를 낮게 가꾸어야 한다.

주름제비난

특성과 형태
다년생 식물로 높이 30~60cm 내외. 뿌리의 일부분이 굵어지고 4~7장의 잎이 호생한다.
잎은 긴 타원형이고 가장자리에 주름이 많이가며 끝이 둔하다. 꽃은 연한 홍색이고 많이 달린다. 포는 녹색이며 가늘고 꽃보다 길다.

화재 응용법
분갈이시 포기 나누기로 번식한다. 분에 재배할시는 가루를 뺀 산모래나 마사토에 부엽토를 20% 정도 섞어서 조금 깊은 분에 심어야 한다.

바위취

특성과 형태
일본이 원산지인 상록성 다년생 식물로 온 몸이 털로 덮여 있다. 잎은 심장꼴로 전면은 흰 줄무늬가 뚜렷하며 후면은 붉은색을 띤 자주색이다. 잎보다 긴 잎자루 끝에 큰 대(大)자 처럼 생긴 흰 꽃이 많이 달린다. 잎 사이에 가는 포복경이 길게 신장하여 그 끝에 새로운 포기를 만들어 늘어난다.

약효
전초를 즙을 내서 백일해, 화상, 동상 등에 쓴다.

화재 응용법
포복경 끝에서 새로 자라난 싹을 잘라 심으면 쉽게 싹이 돋아난다. 적응력이 강하여 어떤 흙에 심어도 잘 자라지만 산모래와 마사토를 사용해 심는 것이 좋다. 물을 좋아하기 때문에 매일 1회 정도 주고 물 빠짐을 좋게 하여 과습 상태에 놓이지 않도록 한다.

섬천남성

특성과 형태
다년생 식물로 높이는 30~50cm 내외. 줄기는 굵고 육질이며 연한 녹색 바탕에 자주색 점 무늬가 있다. 줄기는 외대로 자라고 2줄기의 잎이 달린다. 소엽은 5장 정도가 달리며 난상 피침형으로 길이가 10~20cm 정도이다. 꽃은 흰빛을 띤 녹색이고 통 모양으로 위를 향해 피는데 끝 부분이 안쪽으로 깊게 구부려져 있다. 통부의 길이는 약 8cm이고 열매는 붉은색이며 옥수수 모양이다.

약효
진경, 안면신경통, 전간, 파상풍, 중풍

화재 응용법
늦가을에 채취한 종자를 낙엽수림의 습한 곳에 직파한다. 봄에 발아한 새 촉은 1년 뒤에 이식한다. 지하부의 구경을 분주한다. 부엽질과 유기질이 풍부하고 보습성이 좋은 곳에 심어 주고 반그늘지게 한다.

노루발

특성과 형태
다년생 식물로 높이 15~25cm 내외. 뿌리로부터 나온 잎이 여러 장 자라 사방으로 퍼지며 긴 타원형이고 긴 잎자루가 있다. 잎은 상록성이며 짙은 녹색으로 윤기가 나며 두텁고 가장자리에 약간의 둔한 톱니가 있다. 잎 사이로부터 꽃대가 길게 올라와 윗부분에 작고 흰 꽃이 여러 송이 핀다.

약효
잎과 줄기는 풍습에 의한 관절동통, 류마티즘, 관절열, 족슬무력증, 지혈, 강장, 진통, 진정, 이습, 신보, 신허요통, 콧피, 월경 과다 거습, 절상 및 독충의 교상에 도포

화재 응용법
토양 미생물과 공생하는 식물이어서 번식이 어렵다. 그만큼 재배 또한 어려운 식물이다. 자생지에서 채취한 식물은 반드시 뿌리에 공생하는 근균을 가지고 와서 낙엽 수하부의 부엽질과 유기질이 풍부한 곳에 심는다.

비짜루

특성과 형태
다년생 식물로 높이 50~100cm 내외. 원줄기는 둥글고 가지를 많이 치는데 가시처럼 변한 가지는 3~9개 뭉쳐서 나온다. 잎 겨드랑이에 3~4송이가 모여 백록색 꽃을 피운다. 바닷가에서 자라는 천문동이나 도입한 식물인 아스파라거스와 아주 비슷하다.

약효
간장, 천식, 이뇨, 진해, 진정, 지혈, 이뇨 작용

화재 응용법
분갈이할 때 포기 나누기로 번식한다. 가을에 붉게 익은 열매를 따 과육을 씻어 내고 속에 든 씨를 골라낸다. 봄에 이 씨를 심으면 싹이 튼다. 분에 재배할 시는 산모래나 마사토에 약간의 부엽토를 섞어서 심어 주고 비료는 물비료를 월 1~2회 정도 준다. 햇빛을 충분히 쪼여 주며 물은 하루에 한 번 준다.

감자난

특성과 형태

상록성 다년생 식물로 활엽수림 아래 비옥한 토양에서 자란다. 잎은 긴 칼날꼴이고 양쪽 끝이 뾰족하며 주름이 잡혀 있다. 위경에서 1장의 잎이 돋아나 겨울을 나고 이듬해 꽃이 핀 다음 시든다. 잎 없이 여름을 가휴면 상태로 지낸다. 꽃은 어긋나게 달리고 밑에서부터 차례로 피어 올라간다. 꽃이 지고 난 뒤에 달리는 삭과는 실테의 모양이고 말라서 벌어지면 먼지처럼 미세한 씨가 바람을 타고 날아간다. 약간의 향이 있다.

화재 응용법

포기나누기로 번식시키는 것이 가장 무난하다. 씨앗이 먼지처럼 미세하여 실생 번식은 어렵고 땅에 떨어져 간혹 자연 발아하기도 한다. 부엽질이 충분한 사질 토양이 깔린 반 그늘진 곳에서 재배한다. 여름철 고온다습에 주의한다.

초롱꽃

특성과 형태

다년생 식물로 전체에 거친 털이 있다. 줄기는 꼿꼿이 서고 높이 30~80cm 크기로 자란다. 잎은 서로 어긋나게 자라며 계란형으로 가장자리에 불규칙한 톱니가 있다. 줄기 윗부분의 잎 겨드랑이에 여러 줄기의 꽃대가 자라 종 모양의 꽃이 밑을 향해 핀다. 백색의 꽃에는 털과 더불어 자주색 반점이 있다.

화재 응용법

주로 포기 나누기로 번식하고 땅속줄기가 왕성하여 많은 묘를 증식할 수 있다. 여름철 늦게 근경을 2~3마디씩 잘라 묘판에 꺾꽂이를 해도 뿌리가 잘 내린다.
종자 번식도 쉽다. 종자를 채취하여 직파하면 이듬해 봄에 발아한다. 배수성이 좋고 약간 척박하며 햇빛이 잘 드는 장소에 심는다.

물솜방망이

특성과 형태
다년생 식물로 높이 50~60cm 내외. 산지 초원의 습지에서 자란다. 줄기는 꼿꼿이 서고 가지를 치지 않으며 잔털이 있다. 잎은 어긋나고 피침형이며 꽃은 황색으로 줄기 끝에 많이 뭉쳐서 핀다.

화재 응용법
포기 나누기로 번식하며, 7월에 종자를 채취하여 즉시 파종하면 곧 발아한다. 10월경에 어린 묘를 이식한다. 양지바르고 습기가 충분한 땅에 심어 재배한다. 부엽질과 유기질이 함유된 토양을 좋아한다.

금낭화

특성과 형태
다년생 식물로 높이 40~50cm 내외로 전체가 흰빛이 도는 녹색이다. 잎은 서로 어긋나게 자라며 깃털 모양으로 갈라지고 원줄기 끝과 잎 겨드랑이에서 꽃대가 나와 활처럼 한쪽으로 치우쳐 꽃이 주렁주렁 달린다. 꽃받침은 주머니처럼 끝이 모아져 있고 속에서 흰 꽃잎이 밖으로 빠져 나온다.

화재 응용법
6~7월 종자를 채취하여 묘포 상자에 습기가 잘 유지되도록 해서 직파한다. 파종 후에는 묘포 상자에 짚이나 왕겨를 덮어 주는 것이 좋다.
봄에 발아한 묘를 7~8월 경에 이식한다. 분갈이시 포기나누기나 꺾꽂이로도 가능하지만 큰 성과를 기대하기는 힘들다. 강인한 식물로 어떤 토양에서도 잘 자란다.
부엽질이 충분하고 통기성이 좋은 장소 또는 척박한 곳에서도 잘 적응하므로 재배하기 쉬운 식물이다.

둥굴레

특성과 형태
다년생 식물로 높이 30~50cm 내외. 줄기는 가지를 치지 않고 비스듬히 자라는데 윗부분은 모가 지고 잎은 넓은 계란꼴로 어긋나게 달리며 두 줄의 규칙적인 배열을 이룬다. 잎 겨드랑이마다 푸른빛을 띤 흰 꽃이 한두 송이씩 달리며 끝은 6갈래로 갈라진 종 모양이다.

약효
갈증 해소, 치암제 중풍, 고혈압, 저혈압 각종 암증 치료

화재 응용법
봄가을에 지하경을 3~5마디씩 잘라서 삽목하면 싹이 돋아난다. 내한성이 강한 식물로 겨울에 지상부가 말라 죽고 굵은 지하경이 살아남는다. 토양은 가리지 않으나 반그늘진 곳에서 재배하는 것이 좋다.

쥐오줌풀

특성과 형태
다년생 식물로 높이 40~80cm 내외. 뿌리에 강한 향기를 갖고 있으며 땅 속으로 가는 근경이 자라 번식하고 마디 부근에 긴 백색 털이 있다. 근생엽은 꽃이 필 때 없어지며 경생엽은 대생하고 잎은 크게 자라 5~7갈래로 갈라지며 소엽은 가장자리에 톱니가 있다. 꽃은 5~8월에 줄기 끝에 많이 뭉쳐서 담홍색으로 핀다.

약효
복통 졸도, 통풍, 감기(열병), 진경, 불면증 등

화재 응용법
봄·가을에 분갈이를 하면서 포기 나누기를 하여 번식하고 8월경 종자를 채취하여 직파하거나 이른봄에 파종하면 바로 발아한다. 파종한 후에는 반 그늘에서 보관한다. 보습성이 좋고 부엽질과 유기질이 풍부한 그늘진 장소에 심어 재배한다.

금강봄맞이

특성과 형태
다년생 식물로 설악산·금강산의 응달 암벽 틈에서 자란다. 모든 잎은 짧은 근경에서 나온다. 잎은 원형이고 7~11 갈래로 갈라지고 가장자리에 톱니가 있다. 잎자루는 3~6cm이고 꽃은 6월에 피며 7~12cm의 긴 꽃줄기 끝에 7~17 장의 꽃잎으로 된 1개의 산형화서가 달린다.

화재 응용법
분갈이시 포기 나누기로 증식한다. 씨앗으로도 번식한다. 노지재배는 비교적 쉬워서 척박한 땅이나 비옥토를 가리지 않고 잘 자란다.

매발톱꽃

특성과 형태
다년생 식물로 높이 30~50cm 내외. 잎은 뿌리에 모여 나오며 3매씩 2회 갈라지고 줄기에서 나온 잎은 3매로 짧고 작다. 꽃은 자갈색이고 줄기 끝에서 밑을 향해 달린다. 유독성 식물이다. 교잡에 의해 꽃의 모양이 다양한 편이다.

약효
고미건위약, 눈병, 정장약, 해열, 혈봉, 풍질, 구창통

화재 응용법
포기가 자연적으로 불어나므로 포기나누기를 하여 심고 종자를 채취하여 곧바로 파종한다. 파종 후 20일이면 발아하며 이식하여 주면 이듬해 개화한다. 물 빠짐이 좋은 사질 토양으로 통풍이 잘 되며 양지바른 장소에서 재배한다.

자금우

특성과 형태

제주와 남부 지방 해안에서 자라는 상록성 소관목으로 높이 15~20cm 내외이다. 키가 작아서 마치 풀처럼 보인다. 잎은 줄기 상단에 윤생하거나 마주나며 난형 또는 타원꼴이고 가장자리에 작은 톱니가 있다. 초여름에 흰빛을 띤 연분홍색 꽃이 2~3송이씩 달린다. 둥근 열매는 9월에 붉게 익으며 이듬해 꽃이 필 때까지 매달려 있다.

약효

지방수는 화담 지해, 이습, 활혈, 담증대혈, 만성기관지염, 습열 황달, 외용으로 타박 손상에도 사용하고 특히 해독, 이뇨약, 식욕 증진, 건위제

화재 응용법

포기 나누기로 번식하고, 꺾꽂이와 근경 삽목으로도 번식된다. 햇빛이 잘 들고 통기성과 배수성이 좋은 사질 토양에 심어 재배한다. 강인한 식물이기에 재배는 비교적 용이하다.

큰까치수영

특성과 형태
다년생 식물로 높이 60~100cm 내외. 줄기는 꼿꼿이 서고 밑동은 붉은빛이 돌며 거의 가지를 치지 않는다. 잎은 타원형 또는 피침형으로 끝이 뾰족하고 가장자리에 흰 털이 있다. 꽃은 줄기 끝에 이삭 모양으로 뭉쳐서 피는데 한쪽으로 기울어지며 꽃잎은 5장이고 꽃이지고나면 꼿꼿이 선다.

화재 응용법
분갈이시 포기 나누기로 번식하며 실생은 10월에 종자를 채취하여 직파하거나 이듬해 봄에 파종하면 2주 후에 발아한다. 양지바르고 물 빠짐이 좋은 사질 양토에 부엽토를 많이 혼합하여 재배 한다.

자금우

특성과 형태
제주와 남부 지방 해안에서 자라는 상록성 소관목으로 높이 15~20cm 내외이다. 키가 작아서 마치 풀처럼 보인다. 잎은 줄기 상단에 윤생하거나 마주나며 난형 또는 타원꼴이고 가장자리에 작은 톱니가 있다. 초여름에 흰빛을 띤 연분홍색 꽃이 2~3송이씩 달린다. 둥근 열매는 9월에 붉게 익으며 이듬해 꽃이 필 때까지 매달려 있다.

약효
지방수는 화담 지해, 이습, 활혈, 담증대혈, 만성기관지염, 습열 황달, 외용으로 타박 손상에도 사용하고 특히 해독, 이뇨약, 식욕 증진, 건위제

화재 응용법
포기 나누기로 번식하고, 꺾꽂이와 근경 삽목으로도 번식된다. 햇빛이 잘 들고 통기성과 배수성이 좋은 사질 토양에 심어 재배한다. 강인한 식물이기에 재배는 비교적 용이하다.

병아리난초

특성과 형태
다년생 식물로 높이 10~20cm 내외. 잎은 한 장이고 긴 타원형이며 가늘고 길다. 연분홍색 꽃은 10~20 송이가 줄기 끝에 피는데 설판이 3갈래로 갈라진다.

화재 응용법
분갈이시 포기 나누기로 번식하는데 그때 지하부의 괴경을 3~4개씩 붙여서 가른다. 물빠짐이 좋은 사질 양토에 부엽토를 적당히 섞어서 식재한다. 뿌리가 약하므로 물이 고이지 않게 하고 반그늘지고 통풍이 잘 되게 한다.

참좁쌀풀

특성과 형태
다년생 식물로 높이 50~100cm 내외. 줄기는 곧게 서고 윗부분에서 많은 꽃이 핀다. 잎은 마주 나기도 하고 3~4매가 줄기를 둘러싸기도 한다. 꽃은 황색으로 줄기 끝에 이삭 모양을 이룬다. 꽃받침잎이 5장이며 꽃잎도 5장이다. 한국 특산 식물로서 강원 이북 산지의 풀밭에서 자란다.

화재 응용법
종자 채취가 어렵기 때문에 봄과 가을에 분갈이시 포기 나누기에 의해서 번식한다. 매우 강인한 식물로서 특별하게 토양을 가리지 않으므로 반 그늘지고 습기가 있는 장소에 심어 재배한다.

제비동자꽃

특성과 형태
다년생 식물로 깊은 산 초원 늪지에서 자란다. 높이는 50cm 내외. 잎은 마디마다 2장씩 마주나고 피침형이며 잎 가장자리에 털이 있다. 꽃은 붉은색으로 꽃잎은 다섯 장이며 꽃잎 끝이 깊이 갈라져 마치 제비꼬리처럼 보인다.

화재 응용법
봄과 가을에 분갈이를 하면서 포기 나누기로 증식하고 줄기를 잘라 꺾꽂이를 해도 잘 자란다. 초가을에 채취한 종자를 묘판에 파종하면 이듬해 봄에 발아한다.
보습성이 좋은 비옥한 토양에 심고 잡초가 달려들지 못하게 한다. 햇빛을 좋아하나 여름철 직사광선은 피하는 것이 좋다.

동자꽃

특성과 형태
다년생 식물로 높이 50~100cm 내외. 산지의 초원에서 자란다. 줄기에 잔 털이 나고 잎은 마디마다 2장씩 마주 붙는다. 계란꼴의 길쭉한 잎은 끝이 뾰족하고 꽃은 줄기 끝에 3~4송이가 모여 피는데 적색을 띤 연분홍색과 황적색이며 매우 아름답다.

화재 응용법
봄과 가을에 분갈이를 하면서 포기 나누기로 증식하고 줄기를 잘라 꺾꽂이를 해도 잘 자란다. 초가을에 채취한 종자를 묘판에 파종하면 이듬해 봄에 발아 한다.
보습성이 좋은 비옥한 토양에 심어 잡초가 달려들지 못하게 한다. 햇빛을 좋아하나 여름철 직사광선은 피하는 것이 좋다.

월귤

특성과 형태
상록성 소관목으로 높이 10~15cm 내외. 잎은 빳빳하고 진초록색이며 두껍다. 잎 가운데 엽맥이 뚜렷하고 윤기가 난다. 줄기 끝에 종모양의 흰꽃이 5~6송이씩 달린다.

약효
요로방부, 수렴, 이뇨약, 부종, 신장염

화재 응용법
주로 꺾꽂이로 번식하는데 이른 봄에 2~3마디를 잘라 모래판에 꽂는다. 뿌리가 잘 내렸을 때 이식한다. 고산 식물로 양지바르고 조금 척박하며 물 빠짐이 좋은 토질에 심어서 지하부를 과습하지 않게 관리한다.

만병초

특성과 형태
잎은 호생하지만 가지 끝에 5~7장이 총생하고 긴 타원형 또는 피침형이다. 표면은 짙은 녹색이며 주름이 진 것 같고 뒷면은 회갈색 또는 연한 갈색 털이 밀생하며 뒤로 말린다. 꽃은 7월에 가지 끝에 10~20 송이가 달리는데 백색 또는 연한 황색이며 안쪽 윗면에 녹색 반점이 있다. 연한 홍색으로 피는 것을 홍만병초라 하고 울릉도에서 자란다. 백두산에서 자라는 백황색 꽃이 피는 것을 노랑만병초라 한다. 열매는 9월에 익는다. 키우기 어려운 식물이다.

약효
강신, 치열, 근골, 피부병, 요각약

화재 응용법
삽목으로 번식한다. 분에 재배할시는 좀 크고 깊은 분을 하며 산모래나 마사토로 만 심어 주고 도장을 피하기 위하여 물이나 비료는 삼가하고 반 그늘에서 관리한다.

금마타리

특성과 형태

다년생식물로 높이 20~30cm 내외. 울릉도·제주도를 제외한 전국 각지에서 자란다. 줄기는 곧게 서고 뿌리에서 나온 잎은 잎자루가 길고 깊게 5갈래로 갈라졌다가 다시 얕게 갈라진다. 줄기 상단에 노란색 꽃이 여러 송이 뭉쳐서 핀다.

화재 응용법

봄과 가을에 분갈이를 하면서 포기 나누기로 번식하며 새 순이 15cm 정도일 때 잘라서 모래판에 꽂아 뿌리를 내린다. 9~10월에 채취한 종자를 봄에 파종하면 곧 발아한다. 새로 자란 싹은 2년 뒤 개화한다. 양지바르고 물 빠짐이 좋은 사질토양으로 적당한 습도가 유지되는 장소에 심어 재배한다.

촛대승마

특성과 형태
다년생 식물로 높이 1m 내외로 깊은산 숲속에서 자란다. 길게 올라온 꽃대 끝에 이삭 모양의 꽃차례를 이룬다. 약간의 독성이 있는 식물 이지만 어린 싹은 나물로 먹고 한방에서는 해열, 해독, 중독, 관두염 등의 약재로 쓴다.

약효
발한, 해열, 해독, 두통에 쓰이며, 비장과 위장을 보한다.

화재 응용법
분갈이시 포기 나누기로 번식하고 가을에 종자를 채취하여 직파하면 이듬해 봄에 발아한다. 노지의 재배는 반 그늘지고 부엽질과 보습성이 있는 토양에 심는다.

산마늘

특성과 형태
다년생 식물로 울릉도와 강원도 일부 산지에서 자란다. 잎은 길이가 20~30cm, 나비는 3~10cm이고 타원형이며 2~3장 달린다. 잎 사이에서 높이 40~70cm의 꽃줄기가 자라 그 끝에 작고 흰 꽃이 둥글게 뭉쳐 핀다. 강한 마늘 냄새가 나는 식물로 연한 싹과 인경을 식용으로 한다.

약효
행기소저, 감모장염, 건위, 소화, 발한, 이뇨, 거담, 지사, 강장약 등으로 사용하며, 독충에 물린 데 외용한다.

화재 응용법
이른 봄에 포기 나누기로 번식 시킬 수 있고 가을에 종자를 채취하여 직파한다. 이듬해 봄에 발아한 묘는 묘판에서 1년간 재배 후 이식한다. 고온다습에 약하므로 반 그늘지고 물 빠짐이 좋은 사질토양으로 바람이 잘 통하는 장소에서 재배한다.

지리대사초

특성과 형태
다년생 식물로 근경은 가늘고 옆으로 뻗으며 잎은 넓은 선형이다. 표면은 황록색이고 뒷면은 흰빛이 돈다. 화경은 높이 15~20cm로서 가늘고 둔한 세모가 지며 꽃대에 암꽃과 수꽃이 따로 핀다.

화재 응용법
분갈이시 옆으로 뻗은 근경을 몇 마디씩 잘라 포기 나누기를 통해 쉽게 번식된다. 정원수 하부에 심어서 재배한다. 강인한 식물로 비옥한 땅이나 척박한 토양에서도 잘 자라므로 재배가 쉽다. 반 그늘에서 재배하면 잘 자라고 운치 있는 잎을 즐길 수 있다.

흰꿀풀

특성과 형태
다년생 식물로 높이 20~30cm 내외. 잎은 긴타원형으로 마디마다 서로 마주나고 줄기 끝에 흰꽃이 많이 뭉쳐서 피는데 꽃잎을 뽑아서 맛을 보면 달기 때문에 꿀풀이라고 한다. 꽃이 일찍 피었다가 하지 때 지상부가 말라 버리기 때문에 하고초(夏枯草)라고 부른다.

약효
갑상선 종대, 청화명목, 고혈압, 당뇨병, 이뇨, 소염약으로 수종, 일적 종통, 유옹, 소변 불리, 나력(연주창), 청간열 및 항균 작용

화재 응용법
봄에 분갈이시 포기 나누기로 번식하고 종자를 채취하여 바로 파종한다. 노지의 재배는 양지바른 곳으로 부엽질과 유기질이 풍부하고 배수성이 좋은 사질토에 식재한다.

꿀풀

특성과 형태
다년생 식물로 여름에 일찍 꽃이 피었다가 하지 때 지상부가 말라 버리기 때문에 하고초(夏枯草)라고 부른다. 꽃대 끝 부분에 보라색 꽃이 많이 뭉쳐서 피는데 꽃잎을 뽑아서 맛을 보면 달기 때문에 꿀풀이라 한다. 비슷한 종류로 두메꿀풀 · 붉은꿀풀 등이 있다.

약효
청열 작용, 혈압강압 작용, 이뇨 작용, 억균 작용, 각종 눈병

화재 응용법
봄에 새눈이 나오기 시작할 때 포기 나누기를 실시하고 가을에 종자를 채취하여 직파한다. 부엽토가 많고 배수성이 좋은 양지쪽에 심어 재배한다.

용머리

특성과 형태
다년생 식물로 높이 15~40cm 내외. 줄기는 기부에서 여러 개 뭉쳐서 나오고 곧게 서며 네모지고 흰 잔털이 있다. 잎은 마주나며 선형으로 두텁고 끝이 둔하다. 꽃은 자주색으로 줄기 끝에 입술 모양의 꽃이 3~4송이 달린다. 꽃은 자주색이지만 백색인 것을 흰용머리라고 부른다.

화재 응용법
꽃이 지고 난 뒤 분갈이할 때 포기 나누기에 의하여 번식하고 9~10월 경에 종자를 채취하여 직파하거나 이듬해 봄에 파종하면 곧 발아한다. 삽목을 해도 잘 자란다. 강인한 식물이어서 어떤 환경이나 토양에서도 잘 자란다.

만년석송

특성과 형태
상록성 양치식물로 높은 산 숲속에서 자란다. 원줄기가 옆으로 뻗고 적갈색이며 좁은 비늘 같은 잎이 드문드문 달린다. 곧추 자라는 가지가 나와서 높이 15cm 내외로 밑 부분은 가지가 없으나 윗부분은 가지가 비스듬히 퍼져 마치 우산 모양을 이룬다.

화재 응용법
분갈이할 때 포기 나누기로 번식하는 것이 좋다. 분에 재배할시는 높이가 낮고 좀 넓은 수반형분을 택하여 산모래나 부엽토를 반반 섞은 흙에 심어 보습성과 배수성을 좋게 하고 반 그늘에서 관리한다.

넉줄고사리

특성과 형태
다년생 식물로 바위나 나무에 붙어서 자란다. 근경에서 나온 잎은 갈색 또는 회갈색 인편으로 덮이며 옆으로 길게 뻗는다. 잎은 드문드문 달리고 잎자루가 길며 깃털꼴 겹잎으로 갈라지며 연한 갈색 털이 있다.

넉줄고사리·미역고사리 약효
보중, 익기력, 소양사, 약양도, 이수도, 보오장 부족, 경락 근골골간독기, 전초를 충분히 삶아서, 물에 담구어 유독 성분을 제거 후 식용한다.

화재 응용법
근경을 2~3cm로 잘라 삽목한다. 수반형의 넓은 분에 산모래에 수태(물이끼)를 잘게 썰어 혼합한 흙에 심어 주거나 근경을 돌에 붙여 돌붙임을 해서 가꾸면 좋다.

공작고사리

특성과 형태
온대성 다년생 식물로 잎이 공작새의 꼬리 같아서 붙여진 이름이다. 근경은 짧고 옆으로 길게 뻗으며 여러 갈래로 갈라져 큰 포기를 이룬다. 잎자루는 검고 윤기가 나며 철사 같은 느낌을 준다.

약효
미한, 조충 구제약, 지혈, 대하, 해열, 해독, 자궁수축 작용

화재 응용법
주로 이른 봄에 포기 나누기를 하여 번식한다. 몇 장의 잎을 한데 붙여 크게 나누어야 한다. 분에 재배할시는 얕은 수반형 분을 쓰고 산모래나 마사토에 약간의 부엽토를 섞어서 심는다.

대반하

특성과 형태
다년생 식물로 높이 30cm 내외. 잎은 소엽이 3장이고 잎자루가 길며 긴 타원형이다. 꽃은 황백색으로 고깔 같은 포엽에 감싸여 있고 포 끝에는 긴 수염이 있다.

약효
거담, 진해, 구토, 설사, 임신 중 구토에 효과

화재 응용법
땅 속의 괴경에서 어린 괴경을 따 2~3년 정도 키우면 개화주가 된다. 가을에 씨를 따 즉시 뿌려도 다음해 봄이면 잘 돋아난다. 성질이 강건한 식물이기에 특별한 토양이나 주위 환경을 가리지 않고 잘 자라므로 재배하기 쉬운 식물이다.

닭의난초

특성과 형태
다년생 식물로 높이 50~100cm 내외. 윗부분에서 몇 개의 가지가 갈라지고 전체에 잔털이 있다. 잎은 총생한 것처럼 많고 피침형이며 끝이 뾰족하다. 꽃은 황적색으로 1~5송이가 밑을 향해 달리며 꽃잎 안쪽에 자주색 반점이 있다.

화재 응용법
포기 나누기를 하는데 뿌리줄기에 3~5촉의 눈을 붙여서 잘라 주어야 한다. 다른 난초과 식물이 다 그렇듯 실생은 대단히 어렵다. 아주 강인한 식물로서 부엽질과 유기질이 많은 사질토에서 재배한다. 보습성 있는 토양을 좋아하며 햇빛이 잘 드는 장소에서 재배한다. 겨울에 지하부가 얼지 않게 주의한다.

장구채

특성과 형태
전국 각지에서 자라는 2년초로서 높이 30~80cm이고 곧추자라며 털이 없다. 줄기는 녹색 또는 자주빛이 도는 녹색이지만 마디 부분은 흙갈색이다. 잎은 마주나며 난형 또는 넓은 피침형이고 양끝이 좁으며 가장자리에 털이 있고 양면에도 털이 약간 있다. 꽃은 7월에 피며 꽃잎은 백색이고 5장이며 끝이 2갈래로 갈라진다. 전체에 털이 많은 것을 털장구채라 한다.

약효
전초를 약용하고, 종자는 최유, 지혈, 진통에 쓰인다.

화재 응용법
포기 나누기로 번식하고 가을에 종자를 채취하여 즉시 파종하면곧 싹이 튼다. 이 싹이 겨울을 나고 이듬해 개화주로 자란다. 분에 재배할시는 산모래나 마사토에 부엽토를 30~40% 혼합한 흙으로 심어 주고 충분한 햇빛을 쪼여 준다.

꽃창포

특성과 형태
다년생 식물로 높이 60~120cm로 털이 없으며 가지가 갈라진다. 근경은 갈색 섬유질로 덮여 있으며 꽃은 원줄기 또는 가지 끝에 달리며 적자색이다. 잎이 창포와 비슷하게 생겼고 꽃이 아름답기 때문에 꽃창포라 한다.

꽃창포·노란꽃창포 약효
건위, 만성기관지염 및 두통, 중풍, 진통, 진정, 건위, 관절통, 건망증, 이질

화재 응용법
가을 분갈이시 포기 나누기를 하는데 3~5촉의 눈을 한 단위로 해서 뿌리줄기를 잘라 번식한다. 가을에 채취한 종자를 직파하면 이듬해 봄에 발아한다. 어린 묘는 7~8월 경에 이식한다. 매우 강인한 식물로서 특별한 환경이나 토양에 관계 없이 잘 자란다. 보습성이 좋은 토양에 반그늘이 최적이지만 척박한 곳이나 비옥한 땅에도 잘 자란다.

돌창포

특성과 형태
다년생 식물로 뿌리줄기는 짧고 잔뿌리가 많다. 잎은 좁고 밑동이 서로 겹쳐지면서 두 줄로 배열되며 활 모양으로 굽는다. 잎의 길이 10cm 내외로 뻣뻣하며 진한 푸른색이다. 길고 가는 꽃줄기가 자라서 희고 작은 꽃이 모여 핀다. 꽃바위창포라 부르기도 하며 비슷한 종류로 제주에서 자라는 한라돌창포가 있다.

약효
매독, 이뇨, 창상, 류머티즘

화재 응용법
3~4월경에 분갈이 때 포기 나누기를 한다. 돌에 붙여서 석부작을 만들어도 좋다.

기린초

특성과 형태
다년생 식물로 높이 30cm 내외. 줄기는 꼿꼿이 서고 다갈색이며 여러 줄기가 뭉쳐서 돋아난다. 잎은 어긋 달리고 다육질이며 긴 타원형이다. 가장자리에 둔한 톱니가 있다. 작은 꽃은 황색으로 줄기 끝에서 위로 보고 핀다.

약효
강장 효과, 위장 질환, 허약증, 관절염, 종약, 고혈압, 폐결액, 폐렴, 간질병

화재 응용법
분갈이시 포기 나누기를 하거나 꺾꽂이 또는 파종으로 증식한다. 아주 강인한 식물로 토양조건을 가리지 않으나 배수성과 통기성이좋은 사질토에 심는 것이 안전하다. 물은 자주 주지 말고 건조하게 재배하고 음지는 피하는 것이 좋다.

노루오줌

특성과 형태
다년생 식물로 높이 60cm 내외이며 줄기가 꼿꼿이 선다. 전체에 갈색 털이 있고 잎은 3장씩 2~3회 갈라지는 깃털꼴겹잎이다. 꽃은 연분홍색으로 원줄기 끝에 많이 모여서 원뿔꽃 차례를 이룬다. 비슷한 종류로 흰노루오줌 · 숙은노루오줌 · 둥근노루오줌 등이 있다.

약효
뿌리줄기(근경)을 거풍, 지해, 풍열 감모, 두신동통, 발열 해수 그 밖에 승마 대용으로 근경을 해열제로 쓴다.

화재 응용법
봄과 가을에 분갈이시 포기 나누기를 하여 번식시킨다. 10월 경 종자를 채취하여 묘판에 파종하면 이듬해 봄에 발아한다. 노지 재배시는 부엽질과 유기질이 풍부하고 보습성이 좋은 토양에 심어 햇빛이 잘 드는 장소에서 관리한다.

솔나리

특성과 형태

다년생 식물로 높이 70cm 내외이며 잎의 생김새가 솔잎처럼 가늘어서 붙여진 이름이다. 잎은 총생한 것처럼 조밀하게 붙고 끝이 뾰족하다. 꽃은 분홍색으로 밑을 향해 달리며 안쪽에 자주색 반점이 있고 끝이 뒤로 말린다. 더위에 약한 편이다.

화재 응용법

3~4월경 분갈이할 때 인편을 떼어 삽수로 하거나 종자를 채취하여 직파 후 이듬해 발아하면 파종상에서 그대로 겨울을 지내도록 한다. 다음해 옮겨 심고 잘 관리하면 꽃을 볼 수 있다. 반그늘 지고 물 빠짐이 좋은 사질토에 약간의 부엽토를 섞어서 재배한다. 바람이 잘 통하는 장소면 더욱 좋다.

털중나리

특성과 형태
다년생 식물로 높이 50~100cm 내외. 윗부분에서 몇 개의 가지가 갈라지고 전체에 잔털이 있다. 잎은 총생한 것처럼 많고 피침형이며 끝이 뾰족하다. 꽃은 황적색으로 1~5송이가 밑을 향해 달리고 꽃잎 안쪽에 자주색 반점이 있다.

약효
한방에서는 해수, 천식, 종기, 혈담 양음윤폐, 청심안심, 음허구핵, 노이로제, 실명다몽, 정신황홀 등

화재 응용법
분갈이시 인편을 떼어서 삽수로 쓰고 종자를 채취하여 곧바로 파종하면 이듬해 봄에 발아한다. 어린 묘는 묘상에서 1년을 키워 이식하면 개화주가 된다. 자생종 나리류 중에서 비교적 강인한 식물로 약간 건조하고 배수성이 좋은 사질 토양을 좋아한다. 부엽질이 함유된 곳에 심고 햇빛이 잘 드는 곳이나 반 그늘진 장소에서 재배한다.

뻐꾹나리

특성과 형태

다년생 식물로 높이 50cm 내외. 잎은 어긋나고 넓은 타원형이며 끝이 뾰족하다. 꽃은 흰색에 가까운 연한 자주색이며 꽃자루에 짧은 털이 있다. 뒤로 젖혀진 꽃잎에 많은 점이 있다. 한국 특산 식물이며 꽃이 필 때 잎이 타는 경우가 많다.

화재 응용법

가을 분갈이 때 포기 나누기를 하면 잘 자라고 증식시킬 수도 있다. 10월경에 종자를 채취하여 직파하면 90% 정도 발아한다. 반 그늘지고 부엽질과 유기질이 충분한 곳에 심는다. 비옥하면서도 배수성이 좋고 통풍이 잘 되는 곳이 좋다.

큰방울새난

특성과 형태
다년생 식물로 습지에서 자란다. 높이 15cm 내외로 굵은 뿌리가 옆으로 퍼진다. 잎이 원줄기 중앙에 1장씩 달리는데 선상 긴 타원형으로 끝이 둔하다. 밑 부분이 좁아져 원줄기에 붙고 날개처럼 흐른다. 꽃은 줄기 끝에 한 송이만 피는데 유백색 바탕에 연한 홍자색이다.

화재 응용법
분갈이 때 포기 나누기로 번식시킨다. 보습성이 충분한 반 그늘진 장소로 부엽질이 많은 땅에서 재배한다. 원래 습지성 식물이다.

좀꿩의다리

특성과 형태
다년생 식물로 북부 지방에서 자란다. 높이 20cm 내외. 잎은 잎줄기가 길고 1~2회 깃털꼴겹잎이다. 소엽은 둥글고 밑에서부터 약간 올라가서 작은 잎이 달린다. 꽃은 연한 자주색 또는 연한 분홍색으로 원줄기와 가지에 달린다.

약효
성분은 매우 차고 열을 내려 주는데 좋은 효과가 있고, 폐열이나 기침, 인후염 같은 열로 인하여 생기는 병에 좋은 효과를 볼수 있다. 냉한 사람에게는 별로 좋지 않으므로 몸이 찬 사람은 먹지 않는 것이 좋다.

화재 응용법
봄과 가을 분갈이 때 포기 나누기로 번식한다. 씨를 뿌리면 잘 발아한다. 양지바르고 보습성이 좋은 사질 토양에 부엽질을 충분히 섞어 심는다.

달맞이꽃

특성과 형태
칠레가 원산지인 2년생 식물로 높이 50~90cm 내외의 귀화 식물이다. 굵고 곧은 뿌리에서 1개의 줄기가 곧추자란다. 줄기 잎은 서로 마주나며 선상 피침형으로 끝이 뾰족하며 가장자리에 톱니가 있다. 꽃은 황색으로 원줄기 끝에 여러 송이가 달리고 저녁에는 황색으로 피었다가 아침이면 시들고 약간 붉은빛으로 변한다. 꽃잎은 4장이다.

약효
뿌리는 해열, 풍습 제거, 인후염에 좋고, 꽃을 달인 물은 정신이상자나 몽유병 환자에게 좋고, 씨앗은 동맥 경화, 중풍, 성인병 월경 불순에 좋다.

화재 응용법
늦여름에 종자가 익으면 채취하여 즉시 뿌린다. 싹이 돋으면 지면에 로제트형으로 깔려 겨울을 나고 이듬해 봄 줄기가 자라 여름에 노란꽃이 핀다. 토양과 환경을 가리지 않고 잘 자란다. 일반 화단에서 쉽게 기를 수 있다.

꿩의비름

특성과 형태
다년생 식물로 다육질의 잎을 하고 있다. 높이가 30~50cm 내외. 줄기는 보라색을 띤 녹색으로 속이 비어 있고 잎은 타원형이며 가장자리에 톱니가 있다. 꽃 줄기 끝에 연한 분홍색의 작은 꽃이 모여서 핀다.

화재 응용법
분갈이 때 포기 나누기를 하여 증식시킨다. 늦가을 종자를 채취하여 직파한다. 이듬해 봄에 발아한 묘는 그 자리에서 1년 동안 키운 다음 이식한다. 줄기를 잘라 모래에 꽂으면 쉽게 뿌리를 내린다. 강인한 식물이라 주위 환경과 토양을 가리지 않고 잘 자라지만 충분한 햇빛을 쪼여 주고 물과 거름은 되도록 피하고 가끔 물비료를 조금씩 준다. 물을 많이 주면 잎이 썩는 수가 있다.

도라지

특성과 형태
다년생 식물로 볕이 잘 드는 풀밭에서 자란다. 높이 50~80cm 내외. 뿌리에서 2~3개의 줄기가 곤추서며 잎은 2장이 마주 붙거나 3~4장이 돌려나기로 붙는다. 어떤 것은 어긋 달리기도 한다. 잎은 줄기에 바로 붙고 가장자리에 톱니가 있다. 꽃은 줄기 끝에 나팔 모양을 한 5장의 꽃잎이 반쯤 갈라지며 짙은 보라색을 띤 청색이다. 흰색 꽃이 피는 것은 백도라지라 한다.

약효
거담, 진해약, 기관지염, 폐농양, 인후종통, 배농약으로 화농성 질환, 해수 담다, 편도선염, 인후통에도 응용할수 있다.

화재 응용법
10월경에 종자를 채취하여 직파한다. 이른 봄에 발아 한 묘를 이식하면 된다. 토질을 별로 가리지 않는 강한 식물로서 일반 화단이나 밭에 심어도 잘 자란다.

술패랭이꽃

특성과 형태
다년생 식물로 높이 50~100cm 내외이다. 줄기는 가늘고 피침형의 작은 잎이 마주난다. 꽃은 분홍색 또는 홍색으로 5장의 꽃잎으로 이루어지며 끝이 가늘게 갈라진다. 비슷한 종류로 섬패랭이·갯패랭이 등이 있고 북한 고산 지대에 사는 구름패랭이, 수염패랭이, 장백패랭이가 있다.

약효
종자는 해열, 구어혈, 통경, 전초, 근은 종양 치료, 혈림, 경폐, 소염, 폐혈통경, 석림, 이뇨약, 소변 불통, 치습

화재 응용법
분갈이시 포기 나누기를 한다. 꺾꽂이는 줄기에 붙은 가지나 어린 싹을 잘라 모래에 꽂으면 뿌리를 내린다. 씨앗으로도 번식이 잘 된다. 햇빛이 잘 들고 조금 척박한 곳으로 물 빠짐이 좋은 사질토양에서 재배한다. 매우 강인한 식물로 재배가 쉬운 식물이다.

사계패랭이(원예종)

특성과 형태
다년생 식물로 줄기는 곧게 서고 높이 10~15cm 내외. 잎은 마주나고 선형 또는 피침형으로 끝이 뾰족하다. 꽃은 갈라진 가지 끝에 적자색 또는 붉은 분홍빛으로 피며 꽃잎 끝에 톱니가 있다. 키가 작고 지면에 깔려서 고운 꽃으로 피기 때문에 지피 식물로 널리 재배하는 원예 식물이다.

화재 응용법
꽃이 진 뒤 분갈이 때 포기를 나누거나 어린 줄기를 잘라 꺾꽂이로 번식시킨다. 씨앗으로도 번식이 잘 된다. 햇빛이 잘 들고 부엽질과 유기질이 충분한 곳에서 재배한다. 일반 정원이나 화단에서 쉽게 기를 수 있다.

우산나물

특성과 형태
다년생 식물로 높이 50~120cm 내외. 어린 잎은 마치 찢어진 우산을 반 접어 놓은 듯한 모양이어서 붙여진 이름이다. 성숙한 잎은 여러 갈래로 갈라진다. 꽃은 줄기 끝에 여러 송이가 피는데 연분홍 또는 흰색이다.

약효
풍으로 인한 마비를 풀어주고, 관절 통증을 없애 주며, 피를 원활하게 순환시켜 주기도 하고, 부종을 내리며, 습을 제거하고, 해독의 효능을 가지고 있다. 임산부가 먹으면 낙태할 수 있으므로 먹지 말아야 한다.

화재 응용법
봄과 가을에 포기를 나누어 증식시키고 9월에 종자를 채취하여 파종하면 이듬해 봄에 발아한다. 매우 강인한 식물로서 반 그늘지고 보습성이 좋으며 비옥한 땅에 심어 재배한다.

무릇

특성과 형태
다년생 식물로 전국의 길가나 밭둑, 풀밭에서 자란다. 지하에 깊이 묻혀 있는 인경은 마늘쪽같이 생겼다. 약간의 독성이 있어서 아린 맛이 있으나 충분히 우려낸 인경은 단맛이 나기에 삶아서 먹기도 한다. 잎은 이른 봄에 일찍 돋아나고 부추처럼 좀 두껍다. 잎 사이에서 30~40cm 높이의 꽃대가 올라와 그 끝에서 연한 보라빛 꽃이 이삭 모양으로 많이 달린다. 인경을 오래도록 삶아 졸이면 엿같이 되며 전분이 많다. 백색 꽃이 피는 것을 흰무릇이라 한다.

약효
활혈 해독, 외용으로 타박상, 근골통, 유옹, 소종 등

화재 응용법
분갈이할 때 늘어난 구근을 나누어 심는다. 종자를 뿌리면 봄에 싹이 튼다. 노지에서는 어떤 장소와 토양에도 구애받지 않고 잘 자란다.

산파

특성과 형태

다년생 식물로 북부 지방의 높은 산 양지쪽에 자라며 높이 20~50cm이다. 인경은 길쭉한 원형이고 잎은 2~3장이 반원통형으로 화경보다 짧고 흰빛이 도는 녹색으로 속이 비어 있다. 꽃은 30cm 쯤 되는 꽃자루가 자라나 그 끝에 붉은빛을 띤 보라색의 작은 꽃이 뭉쳐서 핀다. 연한 싹과 인경을 식용으로 한다.

화재 응용법

늦가을에 분갈이를 하면서 늘어난 인경을 나누어 심는다. 비교적 기르기 쉬운 식물이다. 분에 재배할시는 조그마한 분에 가루를 뺀 산모래와 마사토를 사용해서 심어주고 부엽질을 20% 정도 혼합해도 좋다.

일월비비추

특성과 형태
다년생 식물로 전국 각지의 산지 풀밭에서 자란다. 넓은 잎은 뿌리에서 모여 돋아나고 긴 잎자루가 있다. 꽃은 뿌리에서 돋아난 꽃대 윗부분에서 한쪽 방향으로 뭉쳐서 핀다. 꽃은 나팔 모양이고 끝에서 6개로 갈라지며 끝이 뾰족하다. 잎이나 꽃의 모양이 중국이 원산지인 옥잠화와 비슷하나 꽃이 보다 작고 한쪽 방향으로 치우쳐 피는 것이 다르다. 개화 기간이 길며 꽃이 흰색인 것을 흰일월비비추라고 한다.

화재 응용법
매우 강건한 식물로서 언제든지 포기나누기로 번식이 가능하며 9~10월경에 채취한 종자를 직파하면 이듬해 봄에 발아한다. 강한 광선이나 반 그늘에서도 잘 자란다. 약간 보습성이 있고 반 그늘진 장소에 재배하는 것이 좋다. 여름철 고온에 주의한다.

비비추(백화)

특성과 형태
산지의 냇가에서 자라는 다년생 식물로 이른 봄 싹이 나와 잎이 넓게 자란다. 잎은 긴 잎자루가 있으며 가장자리에 둔한 주름이 있고 넓은 타원형이다. 뿌리에서 직접 나온 꽃대는 곧추서고 윗쪽에서 꽃이 어긋 달린다. 밑에서부터 차례로 피어 올라가는 꽃은 순백색으로 한쪽 방향으로만 핀다.

약효
백대하나 적대하에 좋으며, 자궁 출혈에 특이한 효능이 있으며, 남자들의 정액이 힘없이 나오는 것을 막아 주며, 모든 궤양에 잘 듣는다.

터리풀

특성과 형태
다년생 식물로 높이 1m 정도로 자라고 줄기에 달린 잎은 다섯 갈래로 갈라진다. 손바닥꼴의 넓은 잎은 가장자리에 톱니가 있다. 원줄기와 가지 끝에 작은 흰색 또는 연한 분홍색 꽃이 뭉쳐서 핀다.

화재 응용법
분갈이시 포기 나누기로 번식한다. 강인한 식물이기에 어떤 토양도 가리지 않고 잘 자라므로 키우기가 매우 쉽다. 부엽질이 적당하고 보습성이 있는 토양으로 반 그늘진 곳을 골라 심는다.

좀양지꽃

특성과 형태
다년생 식물로 양지꽃과 비슷하나 양지꽃은 들판의 풀밭에서 자라지만 좀양지꽃은 고산 지대의 바위 틈에서 자라고 긴 생장 줄기가 반 덩굴성으로 뻗어나간다. 고산 식물의 특징을 갖고 있어서 몸집에 비해 꽃이 크다. 잎은 3장의 소엽이 모여 한 장의 잎을 이루고 가장자리에 톱니가 있으며 약간의 털이 있다. 잎 사이에서 짧은 꽃자루가 자라 두세 송이의 노란꽃이 핀다.

약효
전초는 열 내림, 지혈, 해독 작용, 골관절 결핵, 입안 열, 임파절 결핵, 타박상, 외상 출혈에 쓰인다.

화재 응용법
가을에 분갈이를 하면서 포기 나누기로 번식시킨다. 반 그늘지고 비옥한 땅이나 좀 척박한 땅에서도 잘 자란다. 재배가 쉬운 식물로 정원이나 화단에서 쉽게 기를 수 있다.

미역취

특성과 형태
다년생 식물로 전국의 산지 초원에서 자란다. 높이 35~80cm로 자라며 뿌리에서 많은 근생엽이 돋아나며 몇 개의 꽃대가 올라온다. 줄기는 곧추서고 꽃은 줄기 상부에 많이 핀다. 줄기에 어긋 붙은 잎은 위로 올라갈수록 작아지며 표면에 약간 털이 있고 가장자리에 톱니가 있다.

약효
전초, 뿌리는 소종 해독, 소풍청열, 감기, 두통, 인후종통, 백일해, 소아 경풍, 타박상, 종기, 한열 왕래, 파혈, 편도선염, 독사교상, 발하해표, 인후염, 폐염, 항균작용, 이뇨 작용, 항암 작용, 피부과 질환 등에 쓰인다.

화재 응용법
10월경에 종자를 채취하여 이듬해 봄에 발아한다. 어떤 척박한 토양이나 악조건에서도 쉽게 재배할 수 있으나 빛이 좋은 장소가 적당하다. 분에 재배할 시는 마사토나 산모래를 사용하고 비료는 가급적 피하는 것이 좋다.

각시석남

특성과 형태
북부 지방 고산 지대 양지바른 곳에서 지란다. 상록성의 다년생 소관목으로 높이가 10cm 정도 밖에 되지 않아서 풀과 같이 보인다. 잎은 가죽처럼 빳빳하고 길쭉하며 뒷면 쪽으로 반 가량 감긴다. 잎 표면은 짙은 녹색이고 뒷면은 회녹색이며 엽맥이 뚜렷하다. 꽃은 여름에 은방울 꽃과 같은 연분홍색 꽃이 잎 겨드랑이에 핀다. 일명 애기진달래라고도 한다. 비슷한 식물로 백두산에서 자라는 장지석남이 있다.

화재 응용법
주로 꺾꽂이나 포기 나누기에 의한다. 꺾꽂이는 꽃이 진 뒤 좀 긴 가지를 잘라서 묘판에 이끼를 깔고 심어 준다. 분가꾸기를 할 때는 이끼로 심는 것이 좋으며 산모래나 마사토를 사용하여 심어주면 배수 처리가 좋고 반드시 양지바른 곳에서 관리하도록 한다.

옥잠화

특성과 형태
중국이 원산지인 원예품종으로 널리 재배하고 있는 다년생 식물이다. 엽병이 길며 난상원형인 잎은 끝이 갑자기 뾰족해지고 가장자리는 파상으로서 8~9쌍의 맥이 있고 밋밋하다. 꽃은 백색으로 줄기 끝이 한쪽으로 치우쳐 달리며 비슷한 야생종으로는 일월비비추가 있다. 향기가 매우 좋은 식물이다.

화재 응용법
포기 나누기에 의해서 번식하고 실생은 가을에 종자를 채취하여 직파하면 이듬해 봄에 발아한다. 강인한 식물로서 주의 환경과 특별한 토질을 가리지 않고 잘 자란다. 양지바른 일반 밭흙에 심어도 재배가 쉽다.

층꽃나무

특성과 형태
반초본성 목본으로 높이 30~60cm 내외. 윗부분의 잔가지는 겨울 동안 말라죽고 뿌리 부분의 가지가 살아남아 봄에 새싹이 자란다. 당년에 자란 가지는 털이 밀생하고 잎은 마주나며 긴 타원형이다. 잎 끝이 날카롭고 가장자리에 톱니가 있다. 꽃은 짙은 보라색으로 윗부분 잎 겨드랑이에 많이 달려서 계단식으로 보이기 때문에 층꽃나무라고 부른다.

화재 응용법
분갈이시 포기 나누기로 번식하며 가을에 종자를 채취하여 곧바로 파종한다. 이듬해 봄에 발아한 묘를 5~6월 경 이식하면 당년에 꽃을 볼 수 있다. 성질이 강인한 식물이기에 어떤 환경과 토양에서도 잘 자라며 기르기 쉬운 식물이지만 비옥한 곳은 피하는 것이 좋다.

잔대

특성과 형태
다년생 식물로 높이 60~100cm 내외. 뿌리가 굵고 전체에 잔털이 있다. 근생엽은 줄기가 길며 꽃이 필 무렵 없어지고 경생엽은 4~5장으로 둘러나는데 긴 타원형에 잔톱니가 있다. 연보라색 종 모양의 꽃이 밑을 향해 달리는데 꽃잎 끝은 5갈래로 갈라진다.

약효
거담, 강장, 청열 거담, 기음 부족, 폐열의 해수, 음허 해수 등

화재 응용법
봄에 분갈이를 하면서 포기 나누기로 번식시키고 가을에 채취한 종자를 즉시 채파하여 이듬해 봄에 발아한 묘를 이식한다. 강인한 식물로 토양이나 주위 환경은 가리지 않는 편이다. 물 빠짐이 좋은 사질토로 부엽질이 풍부한 곳에 심는다.

산꼬리풀

특성과 형태
다년생 식물로 높이 40~80cm 내외로 산지의 초원에서 자란다. 줄기 위쪽에서 약간의 가지가 갈라지며 전체에 털이 밀생한다. 잎은 대생하고 잎자루가 없으며 좁은 난형이고 끝이 뾰족하다. 꽃은 암자색으로 원줄기와 가지 끝에 이삭 모양으로 달리며 연한 털이 있다.

화재 응용법
포기 나누기로 증식하고 가을에 채종하여 봄에 파종해도 쉽게 발아한다. 강인한 식물이어서 환경과 토양을 가리지 않고 잘 자라지만 노지 재배의 경우 보습성과 부엽질이 풍부한 장소를 택해 반 그늘에서 재배한다.

바위채송화

특성과 형태
다년생 식물로 높이 10cm 내외. 줄기가 옆으로 뻗으며 윗부분이 가지와 더불어 곧게 서고 밑 부분의 줄기는 갈색이 돈다. 잎은 어긋나고 다육질이며 선형 또는 피침형이다. 꽃은 황색으로 가지 끝에 모여 피는데 꽃잎은 5장이며 끝이 뾰족하다.

화재 응용법
줄기를 잘라서 삽목하고 물만 주면 발근이 잘 된다. 종자를 받아 말리지 말고 즉시 뿌리면 쉽게 싹이 튼다. 내건성의 식물로 습기에 약하므로 여름철 고온 다습하면 마디가 길어지고 아래쪽 잎이 떨어진다. 오전에 햇빛을 쪼이고 오후는 반 그늘진 장소에서 재배한다.

솜다리

특성과 형태
한라산과 중부 이북 고산 지대에서 자라는 다년생 식물로 높이가 15~25cm 내외이다. 흰 털이 전체를 감싸고 있어 추위에 잘 견딘다. 줄기 끝에 황색꽃이 우아하게 핀다. 비슷한 종류로 왜솜다리·산솜다리·한라솜다리가 있다.

화재 응용법
봄에 분갈이를 하면서 포기 나누기로 증식하고 종자를 채취하여 7월경에 파종하면 이듬해 봄에 발아한다. 반 그늘진 장소로 바람이 잘 통하며 조금 척박한 토양에 심는다. 그러나 약간 습윤한 곳도 관계 없다. 여름철 고온에 약하므로 장마철에 과습하면 식물이 죽는 경우가 있다.

등골나물

특성과 형태
다년생 식물로 높이 1m 내외. 곧추서는 줄기에 잎이 마주달리며 타원형으로 가장자리에 톱니가 있다. 꽃이 필 때쯤 근생엽은 말라 죽고 줄기의 잎은 크지만 위로 올라가면서 작아진다. 윗쪽 잎겨드랑이에서 작은 가지가 갈라지고 원줄기와 가지 끝에 흰색의 꽃이 뭉쳐서 핀다. 비슷한 종류로 향등골나물이 있다. 꽃이 피면 향나무 향기와 비슷한 향이 난다.

약효
황달, 통경, 중풍, 고혈압, 산후 복통, 토혈, 폐렴 등에 쓰인다.

화재 응용법
주로 분갈이할 때 포기 나누기로 번식한다. 씨앗을 파종해도 쉽게 싹을 틔울 수 있다. 반 그늘지고 다소 건조한 토양에 심는다. 햇빛을 잘 들게 하고 척박한 토양에서도 잘 견딘다.

▼ 골등골나물

더덕

특성과 형태
덩굴성의 다년생 식물로 뿌리가 굵으며 덩굴 길이가 2m 내외이다. 줄기를 자르면 유액이 나온다. 잎은 어긋나고 짧은 가지에 4장의 잎이 서로 십자형으로 돌려난다. 꽃은 녹색이고 가지 끝에서 밑을 향하여 종모양으로 달린다. 꽃잎 끝이 5장으로 갈라지고 뒤로 말리며 겉은 녹색이고 안쪽은 자주색 반점이 있다. 뿌리를 즐겨 먹는다.

약효
건위, 폐병, 심복통, 진해거담제, 간장 효과, 유선염, 옹종, 폐농양, 임파선염, 종기, 강압 작용, 원기회복 촉진, 혈당증가작용

화재 응용법
주로 종자를 뿌려 번식한다. 봄에 뿌린 씨에서 싹이 트면 이듬해 봄에 뽑아서 뿌리의 직근을 조금 자르고 심는다. 반 그늘지고 물이 잘 빠지는 사질 토양에 부엽토를 섞어 심는다. 거름을 좋아한다.

두메부추

특성과 형태

다년생 식물로 높이 20~30cm 내외이며 살이 찐 부추와 같다. 지하부에 길이 4cm 정도의 타원형 인경이 있다. 꽃자루가 길게 올라와 그 끝에 보라빛을 띤 연분홍의 작은 꽃이 뭉쳐서 핀다. 화경의 양쪽 끝에 좁은 날개가 있고 소화경은 세로로 날개가 있다.

화재 응용법

분갈이 때 인경을 쪼개 분주하고 10월경에 종자를 채취해서 직파하면 이듬해 봄에 발아한다. 양지바른 쪽에 심는다. 배수가 잘 되는 사질토가 알맞고 적당하게 비옥한 토양에 심는 것이 안전하다.

한라부추

특성과 형태
다년생 식물로 높이 20cm 내외 여러 포기가 한군데 모여 나며 겉은 엉킨 섬유로 덮여 있다. 잎은 인경에서 3~4개 나오는데 부추잎과 같으며 길게 올라온 꽃자루 끝에 둥글게 뭉친 홍자색 꽃이 핀다.

화재 응용법
늦가을에 종자를 채취하여 반 그늘진 묘판에 채파한다. 이듬해 봄에 발아한 묘는 1년간 묘판에서 재배한 다음 이식한다. 인경은 여러 개가 한데 뭉쳐서 있는 것이 보통이기에 포기 나누기로 번식한다. 다른 부추에 비해 습성이 좀 까다롭다. 특히 잡초에 약하므로 제초 작업을 철저히 하고 여름철 고온과 과습에 주의하고 바람이 잘 통하는 반 그늘에서 재배하는 것이 좋다.

산부추

특성과 형태
산지의 풀밭이나 볕이 잘드는 길가에서 자라는 다년생 식물이다. 불룩한 인경에서 몇 개의 잎이 돋아나 길게 자라고 아래쪽은 지난해 남긴 잎이 말라갈 때쯤 하나의 꽃줄기가 자라나 그 끝에서 보라색을 띤 작은 꽃들이 뭉쳐서 핀다. 근경과 함께 어린 싹은 나물로 한다. 마늘 같은 독특한 냄새가 난다.

화재 응용법
분갈이 때 인경을 쪼개 분주하고 10월경에 종자를 채취해서 직파하면 이듬해 봄에 발아한다. 양지바른 쪽에 심는다. 배수가 잘 되는 사질토가 알맞고적당하게 비옥한 토양에 심는 것이 안전하다.

해오라비난초

양지쪽 습지에서 자라는 다년생 식물로 구경에서 옆으로 뻗는 지하경이 돋으며 끝에 괴경이 달린다. 꽃줄기 끝에 흰색 꽃이 날개를 활짝 펼친 해오라기 모양으로 핀다.

특성과 형태
다년생 식물로 높이 10~20cm 내외로 양지쪽 습지에서 자란다. 잎은 원줄기에서 돌려나오며 꽃은 백색으로 원줄기 끝에 1~3 송이 정도 달린다. 해오라기와 비슷한 모양의 꽃이 핀다.

화재 응용법
봄에 분갈이하면서 지하경에 새로운 구가 형성되는 것을 나누어서 분구한다. 노지 재배의 경우 양지바른쪽에 인공 습지를 조성하여 수태(물이끼)를 두껍게 깔아 재배한다.

해국

특성과 형태

반 목본성 초본으로서 높이 30~60cm 내외로 중부 이남의 바닷가에서 자란다. 줄기는 비스듬히 옆으로 뻗어나가며 밑 부분에서 여러 갈래로 갈라진다. 잎은 어긋나며 양면에 부드러운 털이 있고 가장자리에 톱니가 있다. 꽃이 피지 않는 상록성의 생장엽은 크고 꽃줄기에 붙은 잎은 조금 작다. 연한 자주색 꽃이 꽃대 끝에 위를 보고 핀다.

화재 응용법

포기 나누기를 하여 번식하며 새싹을 2~3마디씩 잘라 삽목하여도 뿌리를 잘 내린다. 겨울에서 이름 봄에 익은 씨를 받아 뿌리면 봄철에 돋아난다. 강인한 식물로 토양은 가리지 않으나 햇빛이 잘 드는 장소에서 심어서 재배하면 잘 자란다.

눈개쑥부쟁이

특성과 형태
다년생 식물로 주로 한라산 1,200~1,500m 고지에서 자란다. 높이 15~25cm 내외로 밑에서부터 가지가 갈라져 옆으로 뻗으며 윗부분이 곧추선다. 근생엽은 타원형으로 끝이 둔하고 양면에 털이 있으나 꽃이 필 때 없어지며 가장자리에 둔한 톱니가 있다. 줄기 끝에 연보라색의 꽃이 한 송이씩 계속 달린다.

화재 응용법
포기 나누기나 꺾꽂이를 하면 뿌리가 잘 내린다. 씨앗을 이용하여 증식할 수도 있다. 양지바르고 비옥한 토양에서 재배한다. 고산성 식물로서 좀 척박한 땅에서도 재배가 가능하며 관상 가치가 높은 강인한 식물이다.

사철난

특성과 형태
상록성의 다년생식물로 높이 10~25cm 내외. 잎은 4~5매로 조금 넓고 긴타원형이며 백색 무늬가 있다. 꽃은 백색 바탕에 연한 자홍색으로 7~15 송이가 한쪽으로 치우쳐 달린다.

화재 응용법
꽃이 진 다음 줄기를 2~3 마디씩 잘라서 이끼에 붙여 그늘에 두면 쉽게 뿌리를 내린다. 그리고 줄기가 옆으로 기면서 한 두 개의 새촉이 나와 자연 번식이 된다. 분에 재배할 시는 깊이가 얕은 분을 택하여 마사토에 부엽을 섞어서 사용하거나 수태를 잘게 썰어서 산모래와 혼합해서 심는다.

용담

특성과 형태
다년생 식물로 높이 30~60cm 내외. 줄기는 꼿꼿이 서고 잎은 피침형이며 마디마다 2장씩 마주난다. 꽃은 자주색으로 종 모양이고 위를 향해 피는데 흐린 날과 밤에는 꽃잎을 닫는다. 비슷한 종으로 칼잎용담 · 큰용담이 있다.

약효
뿌리는 고미건위, 소염약으로 쓰인다.

화재 응용법
이른 봄 분갈이할 때 포기 나누기로 번식한다. 종자 번식도 할 수 있으나 종자가 미세하기 때문에 실내에서 작업을 하거나 바람이 없는 날 꼬투리 속에서 씨를 털어야 한다. 어린 싹을 3마디로 잘라 모래에 꽂으면 뿌리를 내린다. 물 빠짐이 좋은 사질 양토를 택해 부엽과 유기질이 충분한 토양에 심는다. 여름철 고온에 주의해야 한다.

호장근

특성과 형태

다년생 식물로 근경은 단단하며 길게 뻗는다. 높이가 1m 또는 그 이상으로 곧추, 또는 비스듬히 자라며 속이 비어 있다. 어릴 때는 적자색 반점이 산포하며 잎은 마디마다 서로 어긋나고 엽병이 있으며 계란 꼴이다. 윗쪽 잎 겨드랑이에서 꽃대가 나와 작고 흰 꽃이 이삭 모양으로 뭉쳐서 핀다.

약효

거풍이습, 산어정통, 지해화담, 관절비통, 습열 황달, 옹종창독, 월경이상, 해수 담다 및 외상, 통경, 이뇨, 완화제

화재 응용법

포기 나누기로 번식하며 어린 줄기는 꺾꽂이를 하여도 뿌리가 잘 내린다. 분에 재배할시는 좀 크고 깊은 분을 택하며 산모래나 마사토에 부엽토를 20~30% 혼합해 심어주고 햇빛이 잘 들게 하며 물을 흠뻑 준다.

구절초

특성과 형태
다년생 식물로 높이가 50cm 내외이며 지하경이 옆으로 뻗어 나간다. 근생엽은 꽃이 피면서 없어지고 우상으로 완전히 갈라진다. 다른 구절초에 비해 잎이 많이 갈라진다. 꽃은 흰빛을 띤 분홍색으로 꽃대 끝에 1송이씩 달린다.

약효
풍병, 부인 냉증, 위장병

화재 응용법
포기 나누기와 삽목이 가장 쉬운 증식법이고 종자 번식도 잘 된다. 11월에 채취한 종자를 곧바로 직파하면 이듬해 봄에 발아한다. 양지바르고 물이 잘 빠지는 사질토로서 부엽과 유기질이 충분한 토양에서 재배한다. 강건한 식물로 적당한 시비를 하면 좋다.

산구절초

특성과 형태
다년생 식물로 뿌리가 옆으로 뻗으며 자라는데 높이 10~50cm 내외로 약간 털이 있다. 원줄기와 가지 끝에 흰색 꽃이 1송이씩 달린다. 구절초와 비슷하다.

약효
부인냉증, 위장병, 치풍 풍병

화재 응용법
포기 나누기와 연중 언제든지 삽목해도 잘 자라며 늦가을에 채취한 종자를 직파하거나 이듬해 봄에 파종해도 잘 발아한다. 고산성 식물로 양지바르고 통풍이 잘 되는 장소에서 재배한다. 여름철 고온다습에 주의하고 물 빠짐이 좋은 사질토에 부엽질을 충분히 넣어 재배한다.

벌개미취

특성과 형태
다년생 식물로 높이 50~60cm 내외로 한국 특산종이다. 근경이 사방으로 뻗으며 싹이 나오고 줄기는 곧추자란다. 뿌리에서 나온 잎은 긴 타원형이고 양쪽 끝이 좁으며 가장자리에 톱니가 있고 끝에 억센 털이 있다. 잎은 줄기 윗쪽으로 올라가면서 점차 작아진다. 줄기 윗쪽에서 몇 개의 가지가 갈라져 그 끝에 한 송이씩 연한 자주색 꽃이 위를 향해 핀다.

약효
진해, 담, 항균 작용, 폐암, 복수암에 효과가 있다.

화재 응용법
봄과 가을에 포기 나누기를 하여 번식하고 4~5월경에 새순을 6cm정도 잘라서 모래판에 삽목하여도 뿌리를 잘 내린다. 실생으로 가을에 채취한 종자를 이듬해 봄에 파종하면 곧 발아한다. 매우 강건한 식물로 특별한 환경이나 토양에 관계 없이 잘 적응한다.

구름떡쑥

특성과 형태
다년생 식물로 높이 5~20cm 내외이며 한라산 고원 초지에서 자란다. 원줄기는 부드러운 털로 덮여 있고 끝까지 잎이 밀생하며 어긋난 밑 부분의 잎은 꽃이 필 때 없어진다. 경생엽은 피침형으로 끝이 둔하고 두껍다. 잎표면에 회백색 면모가 밀생한다. 꽃은 담황색을 띤 흰 꽃이 줄기 끝에 뭉쳐서 달린다.

약효
꽃이 필 때 풀 전체를 뽑아 그늘에 말려 1일 1회 달여서 마시면 천식이 치유되며 백일해에도 효험이 있다. 가래를 없애 주는 데는 1일 15g이 좋다.

화재 응용법
포기 나누기를 하여 번식하는 것이 가장 무난하다. 양지 바르고 척박한 땅에서 잘 자란다. 고산 식물로 매우 강건한 식물이며 백두산 정상 부근에서도 자란다.

석산

특성과 형태

인도가 원산지인 다년생식물로 사찰에서 흔히 심고 민가에서 관상용으로 키운다. 인경에서 올라온 꽃대는 외피가 흑색이며 9~10월에 잎이 없어지고 꽃줄기가 높이 30~50cm 정도 자라며 그 끝에 붉은꽃이 여러 송이 핀다. 꽃은 적색으로 꽃잎이 완전히 뒤로 말리고 6개의 꽃술은 길게 밖으로 빠져 나온다. 꽃이 지고 난 뒤 짙은 녹색 잎이 나와 이듬해 여름에 시든다. 인경을 갈아서 녹말을 만든다. 물에 독성을 우려낸 뒤에 수제비나 떡을 해 먹기도 한다. 선운사 인근에서 흔히 볼 수 있는 귀화 식물이다.

화재 응용법

6~7월에 잎이 시들고 나면 분갈이를 하고 포기 나누기를 한다. 물빠짐이 좋고 보습성 있는 사질 토양으로 부엽질과 유기질이 충분한 곳에 재배한다. 햇빛이 잘 들고 통풍이 잘 되면 많은 꽃을 피울 수 있다.

부처손

특성과 형태
상록성의 양치식물로 전국의 암벽 틈에 붙어 자란다. 높이 10~25cm 내외로 자라며 잎이 로제트형으로 달린다. 경생엽은 긴 난형으로 4줄로 붙지만 가지가 갈라진 곳에서는 2가지 형태로 4줄로 배열된다. 측엽은 난형이며 가장자리에 잔톱니가 있다.

약효
활혈, 지와, 이뇨, 강음, 익정, 진심, 하혈, 지혈, 탈항, 항종양 작용

화재 응용법
주로 분갈이시 포기 나누기로 증식한다. 노지 재배의 경우 양지바른 쪽을 골라 물 빠짐과 보수성이 좋은 사질토에 심는다. 공중습도가 높은 곳을 좋아하며 시비는 필요치 않다. 내한성이 강하여 노지에 재배하기 쉬운 양치 식물이다.

둥근바위솔

특성과 형태
다년생 식물로 해안 지방의 바위 절벽에서 자란다. 줄기는 곧추서고 다닥다닥 붙은 바늘잎이 있다. 꽃이 핀 포기는 씨를 퍼뜨리고 죽는다. 잎은 타원형이고 끝이 둔하며 연한 녹색이고 분백색이어서 손으로 만지면 묻어난다. 아래쪽 바늘잎 사이에서 1~2줄기의 연약한 꽃줄기가 나오기도 한다. 꽃은 흰색으로 꽃잎은 5장이다. 최근 암 치료제로 알려지면서 무차별 채취로 점차 사라져가는 식물이다. 햇빛을 쪼이면 연한 녹색잎이 붉은 빛깔로 변한다.

화재 응용법
겨울에 꽃이 지고 꽃대가 마르고 나면 씨앗이 저절로 흩어져서 번식하며 포기 나누기를 하여 번식한다. 과습에 매우 약하므로 굵은 마사토에 심고 충분한 햇빛을 쪼어 주어야 하며 가급적 물과 거름은 주지 말 것이며 꽃이 피어 결실하고 나면 죽어 버리기 때문에 꽃대를 잘라서 다년초로 키우는 것이 좋다.

감국

특성과 형태

다년생 식물로 높이 30~70cm 내외이며 황국이라고도 한다. 전체에 짧은 털이 있다. 줄기는 가늘고 길며 잎은 어긋나고 짙은 녹색이다. 꽃은 선명한 황색으로 향기가 좋다.

약효

두통, 열감기, 폐렴, 기관지염, 위염, 장염, 종기, 항균 작용

화재 응용법

분갈이시 포기 나누기를 하고 삽목은 언제든지 가능하지만 봄에 새순이 나올 때 이를 잘라서 모래판에 심어 준다. 가을에 종자를 채취하여 이른 봄에 파종하면 발아가 잘 된다. 매우 강건한 식물로서 토양은 가리지 않는다. 양지바른 쪽을 택해 비옥하지 않은 땅에 심는다. 시비를 하지 않고 재배하는 것이 좋다.

갯국화

특성과 형태
다년생 식물로 높이 30cm 내외. 주로 해변가에 자라는 일본 원산의 들국화로서 애기해국 또는 나도해국이라 부른다. 지하경은 가늘고 길며 잎은 일반 국화 같이 생겼으나 두텁고 뒷면과 가장자리에 은백색 털이 밀생한다. 줄기 끝에 작고 진한 황색 꽃이 뭉쳐서 핀다.

약효
두통, 제풍열, 두현, 안적, 청열 해독

화재 응용법
분갈이시 포기 나누기를 하여도 좋지만 가을에 저절로 떨어진 종자가 잘 발아하므로 이것을 이식하여 가꾼다. 봄에 새순을 2~3마디씩 잘라 삽목해도 뿌리를 잘 내린다. 노지 재배는 햇빛이 잘 들고 물 빠짐이 좋은 사질 양토에 심어 주고 통풍이 잘 되도록 한다. 물과 시비는 삼가하는 것이 좋다.

사계절
한국의 산야초 백과

2011년 1월 10일 초판 1쇄 인쇄
2011년 1월 15일 초판 1쇄 발행

■

엮은곳   해동약초연구회 편
펴낸곳   아이템북스
디자인   김 영 숙
마케팅   최 용 현

■

출판등록 2001년 8월 7일
등록번호 제2-3387호
주   소 서울시 마포구 서교동 444-15

※ 잘못된 책은 바꿔 드립니다.